ADVICE 42

發明學，改變世界

人類如何發明出手機、防感染導管、電腦搜尋系統、3D列印……等事物，改變我們的生活

Inventology

How We Dream Up Things That Change the World

姵根．甘妮蒂　著
吳程遠　譯

木馬文化

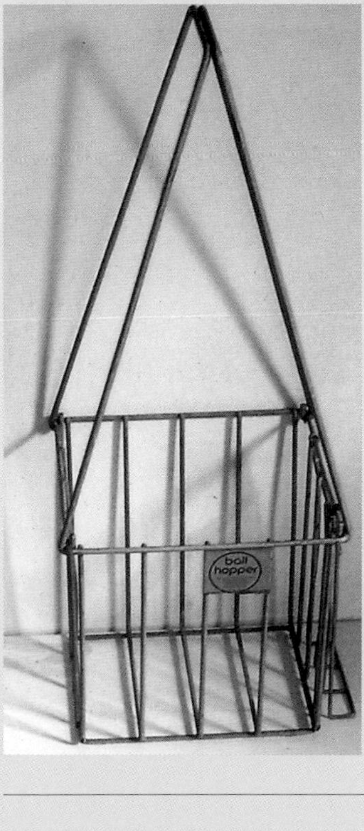

↑鍾恩．史寇爾創辦 e-NABLE 社群，以便為世界各地的小孩依照他們需求，提供免費的義肢。照片中他正和一位小孩試用特長的藍白色客製化義肢。（參閱第二章）
照片提供／SKIP MEETZE

←一九六〇年代，網球教練傑克．斯達普為了從每日彎腰撿數百顆球而腰痠背痛的問題中解脫出來，發明了這個「撿球籃」。這發明看來原理極簡單，但在它被發現出來之前近一百年，卻沒人想得到。（參閱引言）
照片提供／本書作者

↑每年多達三萬人因導管感染細菌而死亡。尤根·桑塔拉拉札醫生結集其他領域的成果，因而想像一種新的設計，可以大幅提升導管的安全性。（參閱第十四章）
照片提供／Mueller Design, Avon, OH

→NASA 工程師朗尼·約翰遜被自己偶然所研發的熱泵噴嘴給迷住了，其噴出的水流強勁有力，因此他設計出了一九九〇年代最熱賣的玩具之一，「超級濕透」水槍。（參閱第五章）
照片提供／Thomas S. England／The LIFE Collection／Getty Images

←鐸特·愛葛頓以閃光燈改變了攝影的方式，他的實驗室「閃光小巷」就像磁鐵般，對電影從業人士、運動攝影師，以及年輕發明家極有吸引力。（參閱第五章）
照片提供／Henry Groskinsky／The LIFE Collection／Getty Images

←原為中和靜電而設計的裝置，卻意外地對煙霧也有反應，因此杜安．皮雅素領先研發了只需電池就能驅動的煙霧偵測器。就像許多的藝術家和發明家，皮雅素是一個對偶然事件具有敏銳觀察力的人。（參閱第五章）

照片提供／Curation, Preservation, and Archives, George C. Gordon Library, Worcester Polytechnic Institute

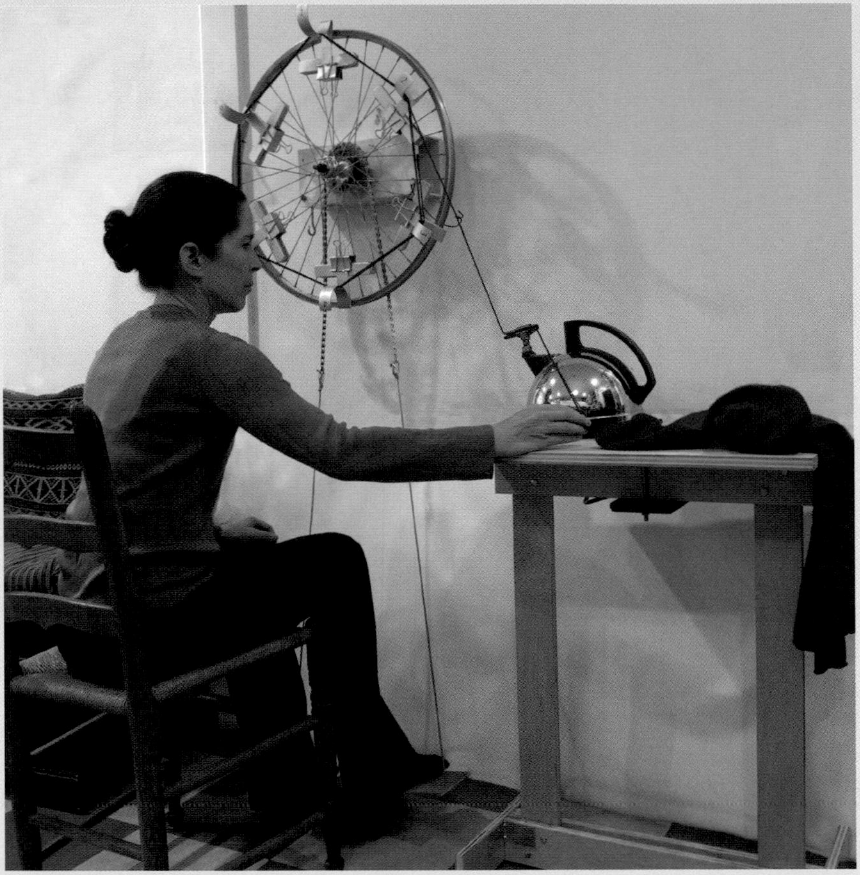

↑在麻州綜合醫院擔任腦部刺激中心主任的阿麗絲．法拉赫提，在工作之餘，她發明了「腳踏式毛線回收機」，她說，這裝置可以將幾塊錢美元的毛衣轉變為高價的毛線球。（參閱第七章）

照片提供／Alice Flaherty

←加州帕洛奧圖的女子中學學生正在為學校打造一間室內的樹屋，這是由非營利團體KIDmob所發起的其中一項活動，教育孩童設計及打造他們自己的社群。（參閱第十六章）

照片提供／KIDmob

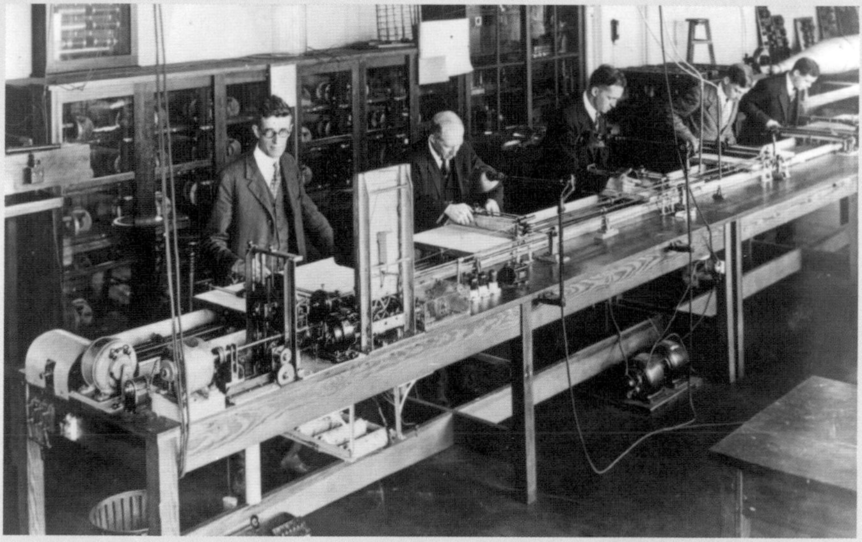

↑一九三〇年代，MIT的副校長萬尼瓦．布許因為覺得當時圖書館的搜尋方式——在一排排書架迷宮間走來走去、笨拙地爬梳一堆卡片、翻找書頁——實在很浪費時間，於是他應用想像力在腦海中建造一台「選擇器」，人們可透過選擇器精確地找到想找的資料。回頭看這段歷史，當時的設想可說是用木頭、金屬和一捲捲的膠捲來打造Google，超前了他的時代數十年。（參閱第九章）
照片提供／General Photographic Agency／Getty Images

↑一九六〇年代，貝爾實驗室以其先進設備供發明家使用而著名。照片中一位員工和一台示波器合照。今日，我們可以使用的發明工具遠比當時貝爾實驗室的工程師多出太多了。（參閱第十三章）
照片提供／Larry Luckham

獻給我的祖父 Stephen Patrick Burke，一位發明家。

■推薦文一

想創業，先發明一個可解決消費者潛在問題的產品

李紹唐

日前我應經濟部的邀請，到部會裡討論關於台灣經濟未來走向的問題，讓我想起二〇一六年七月份我到以色列考察的感想。

以色列是個資源稀少的國家，然而建國這近七十年來，他們的科技發展卻引起全球的矚目。以色列政府大力鼓勵各大學研發新科技，而且每所大學專研的方向也不一樣，你做農業灌溉系統，我就做無人駕駛，這樣不僅可以針對國內所欠缺的，或滿足國際市場的需求，且都占有一席之地。

也就是說，台灣的未來，政府應該挑選出重點產業，了解他們的需求，並協助尋找相關人才，若國內缺乏可從國外引進，或雙管齊下啟動技職教育，培育相關人才，這樣才能將技術需求端和人才供應端銜接起來。

在過去，台灣經濟較大部分依賴傳統製造業，然而製造業也受到機器人生產的挑戰，就連人

力最密集的運動鞋供應鏈，近年來也因Nike和adidas分別投入美國和德國自動化生產大廠的懷抱而大受打擊，縱使台灣曾是Nike重要的代工重鎮，為何在這次自動化轉型中，卻不見台商的蹤影？

服務業也愈來愈依賴科技的便利性。相信大家也曾使用過點菜機器的服務吧？在機器點上幾樣想吃的菜，投幣進去，就找位置等菜送上桌了。從企業的角度來說，這樣確實可以節省許多的人力開支，但，服務業的轉型也不一定以「節省開支」為主，消費者的需求更是轉型成功的最重要因素。

例如中國大陸，因上班族人口增加，形成一個龐大的「代送」服務需求，可以透過「快服務」這支app，隨即找到在你附近願意替你跑腿的人。不僅如此，你還可以透過app送修手機、叫外賣、找按摩師傅、找廚師、洗車等服務。這可不是非常高科技的服務，然而一樣做得非常成功，因為它抓到了「現代人愈來愈講求便利」這個需求：拿起手機滑一滑點一點，只要一個平台，你需要的服務就預訂完成。不但創造就業機會，也滿足消費者渴望便利的需求。

有許多想創業的年輕人會來跟我討論他們的想法，我最常向他們丟出的三個問題，是一個創業者永遠要問自己的問題：

一、你的客戶是誰？請精確描繪出你的潛在客戶的特性。
二、你的產品／服務創造出什麼價值？簡單八個字「人無我有，人有我優」，才能創造價值和創新。
三、你的商業模式為何？如何讓你的產品有效地接觸到需要的人、如何收取費用，才有獲利的機會。

事實上這本書《發明學，改變世界》的作者也間接地回應了我以上談到的各個面向。作者經由採訪了多位重要的發明家後整理出了發明的五個面向：解決問題、偶然的發現、預言未來、各種領域知識的結合，以及教育的重要性。只有真正活在困擾中的人，才會積極想解決他們的問題，而發明出滿足他們需求的產品，當然，這些產品也可滿足成千上萬有著同樣困擾的潛在消費者；而能解決消費者的問題的產品，就是有價值的產品。

因此，若你想問我創業需要怎樣的條件，除了我以上的三個問題外，你亦可先讀讀這本《發明學，改變世界》，先找到潛在消費者的需求，再發明一樣能解決問題的產品，相信有了這樣的產品後，再結合有利的商業模式，你必定會創業有成。

作者簡介

用友軟件公司獨立董事，曾任ＩＢＭ台灣地區分公司協理、甲骨文台灣地區分公司總經理、北京甲骨文有限公司華東暨華西區董事總經理、中國多普達國際通訊首席執行官兼總裁、1111人力銀行執行長等職。並著有《勇敢去敲客戶的門》、《勇敢去敲老闆的門》、《勇敢去敲未知的門》等書。

■推薦文二

別輸在創新發明的起跑點上

鄭志凱

張系國在三十幾年前曾經寫過一篇短篇科幻小說。小說裡，一位計程車司機發明了一種名喚「天長地久」的時間機器，出租給有緣的乘客。租用者如果日子過得太枯燥難挨，不妨按下快轉鍵，跳過的時間便儲存在天長地久器裡；如果日子過得十分寫意，想要慢慢享受，便按下慢轉，從天長地久器裡提取時間。

結果呢？顯然人生苦多樂少，每一個租用者都在這時間機器裡留下了大把光陰。

科幻小說既有文學，又有科技。今天的科技，一百年前聽起來都像科幻，今天的科幻，誰知百年後是否成為現實。無論文學創作或科技發明，差別是終點。文學不必實踐，創意可以天馬行空，發明卻必須跟現實接軌，直到開發出可以演示功能的實物，才算發明。

但發明和小說，或是任何藝術，都有一個共同的起點，就是獨特的創意，前所未見的新概念。

有人說人類跟其他靈長類動物的差別是人類會論理（reasoning），其他動物不會。我們也可以說只有人類會做白日夢，會創造發明。人在無所事事百般無聊的時候、在反覆做一件相同事情的時候、在遇見一個難解的問題的時候，大部分人就開始蠢蠢欲動，想要找出一個新的方法，更好、更快、更省力。這種動機是天生的，但現實生活裡，很明顯，有人創造發明能力強，有人弱。於是不免產生一個問題：發明可以學習嗎？

本書《發明學，改變世界》作者姵根．甘妮蒂原本是一位專欄作家，長期寫文章介紹發明的故事，她的廣泛涉獵讓她確信發明有方可循，因此創造了「發明學」（Inventology）這個字眼，並以此作為原文書名。

在她之前，有一位在西方世界鮮為人知的蘇聯思想家，真尼楚．阿特蘇拉，才是真正的發明學之父。他以寫科幻小說維生，以研究人類如何發明為職志，在一九七〇年代便創立了一家專門教授年輕人如何增加發明能力的學院，他的理論系統被歸納成ＴＲＩＺ（俄文縮寫）或ＴＩＰＳ（the Theory of Inventive Problem Solving），在網路上可以看到不少介紹。

阿特蘇拉在還沒有大數據的時代，下死工夫分析了兩百萬項專利，發現這些專利嘗試解決的問題可以歸納成一千五百個範疇，更出人意外的是解決問題的方法只有四十種。換句話說，掌握少數方法，便能解決多數的問題，而百花齊放的創新，不過是在重複處理相同的問題。

這樣的發現，給我們這些互聯網的網民什麼樣的啟發？

我們不妨把需要解方的問題和能解決問題的解方，視為經濟理論中市場的需求與供給。過去問題或解方都在一個小規模的市場裡進行交換，甚至於分處兩地，互不自知，因此交換效率不良。有了互聯網，結合了群眾的智慧與資源，問題與解方得以透過全球交易市場進行交換，互通有無，甲地的問題，在乙地可能早有解方可以對治，或者在丙地有跨領域的專家可以觸類旁通，交易效率自然大幅改善。

例如Kickstarter便不是一個單純的群眾募資平台，它更大的功能是讓一個不成熟的產品想法能早期接觸市場的先鋒使用者，而這些先鋒使用者以參與為榮，除了資金外，新的想法透過Kickstarter平台自由交流融匯，增加了創新成功的機會。

還有不少新創公司建立了眾包（crowdsourcing）的平台，有問題待解的單位拋出問題，廣招天下英雄提出最佳解答，眾多學有專精的高手也在一旁摩拳擦掌，等待下一個智力的挑戰。這樣的平台不少，其中最為人知的是InnoCentive，在這網站上注冊有案的「解題高手」超過三十五萬人，來自全球兩百個國家，其中百分之六十五具有博士學位。

普林斯頓大學一位教授Joel Mokyr研究為什麼西方文明能在十六世紀突飛猛進，後發先至，超越原本燦爛輝煌的東方文明？他的看法是文藝復興後，歐洲大陸及英國各種思想自由交流與激盪，形成了一個思想的開放交易市場。而在東方，由於專制和閉塞，一直沒有類似的交易市場形成，結果被西方迎頭趕上，從此落後了兩百年。

二十一世紀裡，拜互聯網上各種眾籌及眾包平台之賜，加上開源碼運動正方興未艾，發明的全球交易市場已經漸成氣候。參與交易人數愈多，交易的效率愈高，新發明產生的速度愈快。台灣地處一隅，如果自絕於此全球交易市場，又不能自行建立稍具規模的交易市場，在創造發明這場全球競賽裡，我們很可能會輸在起跑點。

作者簡介

矽谷創投Acorn Pacific Ventures共同創辦人、活水社企投資公司董事長、聯訊創投公司（Harbinger Venture）共同創辦人。畢業於清華大學物理系、交通大學管理科學研究所。曾擔任美國聯強公司（Synnex Corporation，財星五百大企業）及台灣神達電腦機構各項高階管理職位。創投生涯十五年中，曾經主導美台中多項投資。目前專欄文章於《天下雜誌》「創新學院」、天下網路版「獨立評論」及《數位時代》定期刊出，並著有《小國大想像》、《錫蘭式的邂逅》等書。

■推薦文三

發明即是創造新的希望

宋世祥

請先讓我帶大家到南台灣高雄凹子底公園附近的一個小地下室。

這是星期四的晚上，在這個大約十五坪的空間裡，一位高中生正講著他如何設計出自己的3D列印機，而台下聽他講著的是一群比他大上兩輪以上的工程師、學校老師與公司老闆。鏡頭一轉，轉到旁邊的另外一個房間，裡面擺滿了各種機具，CNC、雷射切割機、圓鋸機、雷射打標機等等一應俱全。

這房間裡的一張桌上有另外一位年輕人正在焊接電路，他嘗試要將光碟機上拆下的零件，焊接組裝成為一台迷你雷射切割機。他們是高雄的創客（或稱自造者），我習慣稱他們為maker。身為一位研究物質文化的人類學家，我很好奇他們如何形成這樣的社群？他們又是如何看待自己的能力？

在慢慢打入這個圈子之後，才理解到他們就是喜歡自己動手做、喜歡發明東西的一群人，這個社群也是因為擁有共同的興趣喜好才形成。他們運用自己下班下課的時間，形成這個名為「創客閣樓」的社群，每周四在這個地下室「創客萊吧」彼此交流分享自己的創作，或是一起針對一個專題計畫分工合作。

問起他們怎麼會成為「創客」？得到的答案常是他們從小就有拆東西、做東西的興趣，但因為學校不鼓勵，或是工作上沒有機會，所以無法真正去實踐。可是，他們心中對於自己創作物件的欲望又勢不可擋，才開始自己找材料做東西。

看這些創客熟稔地使用各式工具切割、焊接，或是寫出一行行程式讓機械動起來，使我想起自己小時候也曾經夢想能做出一台自己的鋼彈機器人，但都因為過早放棄理科知識的學習，最終只能成為童年的回憶與遺憾。

這幾年台灣跟著美國與歐洲吹起一股「創客運動」，教育單位、經濟單位、勞工單位無不都鼓勵這股運動，希望從教育下手，想要喚起台灣民間的創客意識與創作能量，並也期待能從中產出具有改變世界效益的具體發明。

但從我自己在第一線的田野調查來看，目前台灣的創客運動其實還在起步階段，台灣目前的創客運動還缺乏了知識實踐的典範，也需要有更多人來支持創客空間的營運，甚至從中投資具有商業潛力的發明，才有機會讓創客文化在這片土地上札根，進而形成正向的循環。

但是，提到發明，我們除了羨慕那些充滿創意的發明家外，是否能有一個具體的方法，讓

「發明」重新回到整個社會之中呢？

更具體地說，在我看來，我們需要找回「發明學」，以及能讓「發明歷程」能夠運作的友善文化。本書《發明學，改變世界》正是以此為目標、帶我們找回發明的價值。

本書的英文書名*Inventology*即是「發明學」之意。作者姵根．甘妮蒂在ＭＩＴ進修科學傳播，這一本書即是她在《紐約時報雜誌》的專欄「那是誰發明的？」基礎改寫而成。雖然名為「發明學」，但其實這本書並不是一本「發明教科書」，而是收集了當代各項發明背後的故事，並且追尋背後的「人」是如何完成每一項發明的。此外，她也追問我們能從這些案例之中學到什麼？

甘妮蒂除了將其資料與訪問的成果分為五個部分，幫助我們建立起完整的發明學架構，帶我們思索如何邁向對發明友善的環境氛圍外，書中眾多的故事給了我們屬於這個時代的發明家典範。其中俄國發明家阿特蘇拉的故事，最令人印象深刻。他的「ＴＲＩＺ發明學」已經是工業設計領域最重要的工具方法之一，然而甘妮蒂帶我們回到了更重要的時期：阿特蘇拉在史達林時期因為鼓勵發明而被關進監獄的故事。

在監獄裡，阿特蘇拉發揮發明的專長，發明了一對假眼睛，用它躲過了電眼的監控，為自己爭取到寶貴的睡眠時間。雖然之後被揭穿了，但他腦中的實驗室讓他能夠繼續抵擋肉體上的折磨與煎熬，最終撐到史達林過世而被釋放。在這之後，他還成立了「亞塞拜然發明及創造力公開學院」，宣傳他對於發明的理念與其整理出來的方法，鼓勵年輕學生發揮創意與工程能力，解決問題。

阿特蘇拉的故事不只是一個發明家的典範，也從中看到了「發明」如何與「希望」緊緊相綁。當前人類正面臨各種嚴苛的挑戰，全球暖化、糧食危機、垃圾過量、機器人取代人類等問題，其實都待發明家結合創意與技術，帶給我們新希望。

在書中，甘妮蒂引用了阿特蘇拉的一句話：「人口中有創意的人占比愈高，社會就愈好，愈往高處走。」我們的未來需要更多有創意的人，最好的策略是我們都一起變成發明家，讓我們一起從這本《發明學，改變世界》出發，走進離自己最近的創客空間，重拾發明學，也一起找回創造的快樂與希望。

作者簡介

國立中山大學創新創業學院學程專案助理教授，亦為「百工裡的人類學家」創辦人，目前的研究重點在於創客文化與創新創業社群。

■推薦文四

發明不是「拚機率」，而是可練習的「學問」

謝宇程

一個高手朋友在美國企業任職多年後，被挖角回台灣，幾個月之後遇到我，他說這家公司沒救了。為什麼？他說：

這世界上有兩種工程師。第一種總是問主管說：「告訴我該做什麼、怎麼做，我會很聽話地重複做一千次。」第二種工程師會說：「我會找出最有價值的目標，然後想方法達到，我需要什麼幫助再和你說。」而在我的新公司，全是第一種工程師；第二種工程師，我一個都沒有遇到過。

其實，這兩種分法，可以適用在企畫或行政人員、教師界，甚至用在許多主管身上。而在我們的社會、產業、政府之中，第一種都太多太多，第二種太少太少。

如果一個社會中的多數人都等著別人告訴他：「這是對的，請照著做。」我們將要步向敗落和衰退。

我們知道，機器人和生產自動化正在吃掉製造業的工作缺額，人工智慧正在吃掉服務業，甚至專業服務業的工作機會。只要能重複做的事，只要能被具體定義的事，機器人和人工智慧都可以做，或遲或早。人能做什麼？答案是：發明。發明新商品、新服務、更好的流程、更完善的制度、更優質的文化……

好，那我們怎麼學發明？到學校上課，老師有教嗎？太少了。學校教的都是已知的、正確的、不容質疑的。從小學到大學，我們沒有學習如何提出新想法、新觀點，我們花二十多年在學習安分認真精準地複製，複製老師講課內容，複製課本上公式，複製解題程序。

我們開始工作之後，也就理所當然都在等著複製「標準作業流程（SOP）」，依老闆／上級的指示辦事，就算想發明些什麼，也不知道怎麼開始。我們以為，「發明」出於捉摸不定的靈感，只屬於少數天縱的英才，不是凡人的能耐。

這就是我們該好好閱讀這本《發明學，改變世界》的原因。

在本書中，透過一則一則真實案例，作者詳細剖析「發明」這件事，化為可以學習、可以操演的能力。除了「方法」之外，本書不容錯過的部分，在於作者提供了電影般生動的敘事，繪聲繪影地描述了發明者的音容笑貌，他們的生活、性格、思維、做事方法。發明創造的過程，在我們面前高清呈現。

原來，真實的發明過程可能是在類似廢料堆之中翻撿拼湊，他們一開始的嘗試失敗得多麼悲慘。例如，精確式3D列印發明者做出第一架原型機，他想要列印自己女朋友的容貌，結果印出來了「一坨大便」。

原來，你會發現，那些最後完成重大發明的人，他們一開始的構想乍聽之下多麼可笑；例如文中提到，一開始「行動電話」的構想，是「結合汽車與電話亭」。這樣的構想，在當時也被視為「荒唐的科幻小說」。

原來，皮克斯的動畫高手在開始構想「玩具總動員」的時候，依據的運算能力是「二十年後的電腦能做到的程度」。也就是說，他們一開始想的模式，當時的電腦根本跑不動，完全不務實。

我相信這些發明者會收到大量批評：「荒唐、可笑、愚不可及。」發明，就是要做出之前沒有、之前做不到的事、別人沒想過的事，或別人覺得不可能做到的事，而這些構想，當然一開始都顯得愚蠢，甚至和主流見解相衝突：「你不知道有多難嗎？要是做得到，早就有人做了吧？」

3D列印、行動電話、玩具總動員，後來成了嗎？我們都知道結果。那些看得最遠，在別人不敢想、不敢試的地方先賣力挖掘的人，得到了豐碩的報償。例如，玩具總動員第一集的投資大約三千萬美金，最終票房淨賺一億六千多萬美金。

自信與勇氣，不只是高空彈跳，不只是在群眾面前唱歌不緊張，更是在別人說：「不對，荒唐，不可能，浪費時間……」的時候，繼續一步一腳印做下去。

自信和勇氣不是來自於頑固，若盲目地「我不聽，我偏要這樣！」只是找死。在這本書中，正確的自信和勇氣來自知道夠多，了解別的發明者怎麼摸索、怎麼找跡象、怎麼在資訊不足時下判斷、怎麼選擇要不要冒某個風險。將發明從「拚機率」，變成一個可操作、可評估、可練習的「學問」，是這本書的主旨和重大價值。

一個訓練我們「讀熟考古題」的教育，足以讓一個人才變廢材、讓社會與產業集體病危。在目前的情境下，這本書《發明學，改變世界》可以說是我們的自救手冊。

作者簡介

教育與人才培育課題作家，目前撰寫專欄、書籍，並擔任個人與機構的教育顧問。線上專欄見於商周、UDN鳴人堂、遠見精英論壇、台大科教中心。著有《做自己的教育部長》、《人才，自造者》。個人臉書粉絲頁：學與業壯遊（文章）、未來有問題（影音與直播）。

目次

第二部　偶然的發現　83

某個聲音、味道或者是奇怪的數據……這些意外發現和驚奇，可能讓人「靈光乍現」地想到它剛巧就是某項難題的答案。我們能夠利用新的工具——比方大數據——提高「靈光乍現」的發生率嗎？

第三部　預言．想像未來　141

電腦業和通訊業的科技進步及輪轉之快速，往往只消幾個月的時間，所謂的未來便已到來。我們怎樣才能夠想得比實際發展還快？有沒有什麼定律主宰著科技的演化？需要具備什麼樣的想像力才能預測未來？

第四部　連結　211

有些專家扮演了「異花授粉」的角色，攜帶著創意的花粉，從一個領域飛到另一個領域。到底什麼樣的心智技巧才能將兩個看似南轅北轍的想法融合在一起？新的工具如何讓原先毫不相干的人聚在一起、互相合作，確保最好的點子能受到優先考量？

第五部　承擔及教育下一代 251

當你決定進攻某項巨大難題，可能面對別人的嘲笑、排擠或反對。教育家又如何教育小孩子挑戰現狀和權威，在別人設計的環境中取回主導權？想像力的未來面貌——特別是往後當數以億計的大眾都能擁有先進的研發工具時——會帶來什麼樣的政治和社會演變和意義？

■引言

那些東西是誰發明的？

二〇一二年間，《紐約時報雜誌》（*New York Times Magazine*）找我幫他們寫一個叫「那是誰發明的？」（Who Made That?）的專欄，每星期一篇。於是我開始追查各種發明的幕後推手，例如切片麵包、3D印表機（也稱3D列印機），或是唇膏等等。一星期又一星期過去，我發現各式各樣的點子俯拾皆是，突然就跳到我面前來，發明家則不分行業、不分階層，來自四面八方：一名飛機試飛員創造出飛行員款墨鏡；一位苦惱萬分的父親為了對付孩子，設計了「吸杯」——用來訓練小嬰兒喝飲料的杯子；而在紐約皇后區某個家庭的廚房裡進行的實驗，最後則促成全錄影印機問世。

為什麼面對相同問題時，這些人會想到別人沒想到的解決方法？從這個問號開始思考，帶出更巨大的問號：發明究竟有沒有可依循的方程式？如果有的話，其他人也學得來嗎？

隨後，當我接觸眾多創意人並進行採訪時，我總會問他們驚人的點子來自何方、過程如何？當中的一位，傑克．斯達普（Jake Stap）讓我明白一件事：有些時候到了沮喪絕望時，我們才發現自己的強大想像力。一九六〇年代末，他在威斯康辛州兩個網球營當教練。在那段漫長的網球教學期間，他每天必須花很多小時彎腰撿起數以百計的網球。他的腰痛得要命，極需要發明一些撿球的方法，好逃離這個無間地獄。

斯達普丟了個網球在車子裡，網球在駕駛座旁的位子上滾來滾去，不斷提醒他必須面對及思考這道難題。一星期一星期過去，每次開車時，斯達普就在腦海中假想著各種實驗：想像自己在網球場上，戴上一副延伸的長長手臂，不用彎腰就可以碰到地面。然而他立刻想到，這條機械手每次只能撿起一顆網球。這樣可不夠好。終於，某次又這樣胡思亂想時，斯達普順手將身旁的網球拿起來捏一捏。就在塑膠網球被他手指頭捏扁的當下，全新點子突然湧現：其實網球可以從兩條金屬棒之間的空隙擠過去，譬如擠進一個用細鐵條做成的籃子裡，而且進去後就不會再掉出來。

斯達普找了個有柄的桶子，在底部裝上縱橫交錯的金屬條，實際實驗一下。他告訴我：「我將金屬條移來挪去，找出最合適的間隙距離」好讓網球從桶子底部擠進去，而且留在桶子內。他稱這項發明為「撿球籃」（ball hopper）。

接下來那個暑假，「每個人都想使用撿球籃，」斯達普的女兒蘇．庫絲特（Sue Kust）回憶道，「簡直是瘋了。」她又注意到，「當大家看到撿球籃的運作原理是多麼簡單，他們都會說：『我其實也想得到。』」

斯達普的概念也許看來簡單，但其實不然。早在一八七〇年代，塑膠球就已成為標準的網球配備，因此合理想像，某位維多利亞時代的紳士早該想到拿個網狀鐵桶來回收網球了。相反地，差不多一個世紀了，眾多網球運動員都在撿拾塑膠球，卻沒人想到過斯達普的解決辦法。這也是某些發明的神祕之處：事後回頭看好像很是簡單。可是，許多最優雅簡單的突破方案卻可以默默躲藏幾十年！我們究竟被甚麼擋住了，一直抓不到這些點子？怎麼樣才能找到目前仍躲藏著但「顯而易見的」點子呢？

要回答這些問題，我們必須審視各項發明，尋找規律。比方說，如果你研究一下癌症治療、水槍，以及煙霧偵測器的發展史，你會發現這些發明從無到有的形塑過程有令人驚訝的相似之處。因此，如果能夠找出許多發明家成功的技巧，或許我們能從中推測出什麼方法最有用。

發明與創新

大家往往將「發明」（invention）和「創新」（innovation）這兩個名詞交替使用，造成混亂。因此在繼續談下去之前，我們應該先釐清兩者的定義。自黏便條「便利貼」（Post-It）的原創發明者阿特・傅里艾（Art Fry）發展出獨具一格的說法，他對發明和創新的定義是如此具啟發性，我在整本書中都會借用他的定義。傅里艾說，發明是「當你將構想轉化為實物時發生的事。」傅里艾更進一步具體指出說，發明通常牽涉到製作出「原型」，以測試原始的想法，證明它的確可行。一旦你創造出這個模型，根據傅里艾的說法，「創造就蛻變為發明。」過程中可能需要做做夢、畫圖、觀察、點子發想、發現、修修補補，或許也做點工程師的工作，但最後應該以證明想法確實可行作為收尾。

之後發生的就是創新了，是「為了將創意點子轉化為一門生意而克服障礙、解決各種問題等所做的一切。」確實，「創新」這名詞經常被籠統拿來形容企業企圖大量生產某種商品時必須克服的挑戰——例如簡化流程、削減成本、管理供應鏈，以及成立合作團隊等。事實上，產品開發的商業層面本身就是一門藝術，在這本書裡，我們基本上不碰觸商業創新的範疇。

本書想探討的，是催生新事物所踏出的第一步：想法的孕育、起源及獨家觀點或角度。發明家在訪談中回顧首次捕捉到原創想法的時刻時，他們的語氣彷彿捕捉的是穿越森林的罕見鳥兒。這個過程經常牽涉到發揮想像力的諸般技巧，包括如何在腦海中進行各種實驗。高瞻遠矚的發明家尼可拉．特斯拉（Nikola Tesla）寫道：「每次想到什麼點子時，我立刻想像如何把它打造出來，我會在腦海中改動它的設計，不斷改進及操作這個想像的裝置。」特斯拉形容的是一種心理反覆練習的過程。其實我們每個人都具有這樣的能力，只不過很少人真正學會如何運用罷了。

我們為何需要「發明學」

本書關注的是「微創造力」，意思是指單打獨鬥式的個人發明。我並非在宣揚什麼偉人主義——即突破的功勞全屬於某個英雄，而只不過是坦承你我皆是獨立個體而已。研究一下哪個城市平均每人產生多少個專利當然很有趣（荷蘭的安多芬市經常名列前茅），但並不能告訴我們：單打獨鬥的個人如何變得更有創造力。畢竟，單靠買張機票去安多芬，在風光明媚的運河晃來晃去，你大概也不會突然變得天縱英明起來。

關鍵在於必須弄清楚：人們在發明、創造東西時真正做了什麼。他們心裡想些什麼？動手製作過什麼？因此我們需要有系統的研究——我稱之為「發明學」——來回答上述問題。要是你有志於當個馬拉松選手，你可以找到一大堆討論如何訓練以提高表現、各種關於吸取碳水化合物和透過衝刺訓練呼吸可以得到什麼好處的文獻圖書。但對那些有志於從事發明者，就比較難在圖書館找到可學以致用的資料了。

然而，當我爬梳各種歷史檔案時，卻「遇到」好些企圖找出一套「發明方程式」的開路先鋒，比方說，蘇聯時期有位名叫真尼楚．阿特蘇拉（Genrich Altshuller）的科幻小說家，檢視了二十世紀中數以千計的專利檔案，嘗試從這寶庫找出理解人類想像力的線索。他提出一套方法預測未來科技，以及解決機械上的難題，並且在亞塞拜然（Azerbaijan）為有志於發明者創辦了一所學校。這可是個前無古人、後無來者的創舉。在本書中，我們會花點時間認識阿特蘇拉，以及其他同樣高瞻遠矚、努力推動「發明」這門新科學的人物。

我們也會拜訪有助於了解發明和創造力的現代研究人員，包括經濟學家、心理學家、發明家、神經科學家、工程師、群眾募資者以及民族誌學家等等。由於他們分散於不同學門，研究時也各自獨立、不相往來，因此發明學也像散落各處的許多碎片。這本書會將這些拼圖碎片一一拼湊起來，一窺發明學的全貌。我們和各發明家進行了一百多次訪談，也參考了上百篇不同學門的研究論文。

我想回答四個問題：

一、誰真正在創造、發明？

二、他們如何發明？

三、我們可以從成功的發明個案中學到什麼？

四、群眾募資、3D列印技術、大數據或其他新科技將如何改變和影響二十一世紀的發明？

關於最後一個問題，我想補充幾句：我們正處於歷史性的轉捩點上，從前阻礙發明的種種障礙紛紛倒下，可說前所未見。今天，透過手提電腦就可以找到許多有助研究發展的工具，而且威力遠遠超過一九六〇年代貝爾實驗室任何工程師所擁有的研發工具。你也可以向一群陌生人募款，並請他們回饋意見給你。你可以將眼鏡鏡片的形狀或者腳踏車框架的曲線變化、轉化成一堆電腦編碼，在網路上傳送。你可以直接跟製造商聯絡，和其他商業客戶沒什麼兩樣。而且只要你有電話和信用卡，就可以聘請一些實驗室研究人員，讓他們根據你的指示，在基因改造過的老鼠上試驗某種藥物。你更可以搜尋全球各地的圖書館，閱讀數以百萬計的研究論文，以及和數以千萬計的潛在合作者交換意見。

這本書中的許多採訪對象都提到，這些新工具如何深遠地改變了他們的人生。他們的個人經驗正好說明了目前革命性的轉移。

一八七〇年代，愛迪生建立了一個「創意工廠」，集中一群工程師、機械工及化學家，並密切監督他們的進度。到了二十世紀，這種中央集權、「發明全集中在同一地點發生」的方式流行了起來，蔚為風潮，但如今卻似乎跟愛迪生的白熾燈泡命運相似，正在消失中。至少在某種程度上，我們之中許多人已經變成發明家了。我們可以成為某些產品的小額投資人，可以告訴大企業我們到底想要什麼樣的設計，甚至跟企業聯手開發設計，進入雙向溝通模式，討論我們正在使用的產品。要是大家討厭某項產品，我們也可以跟其他陌生人聯合起來，在亞馬遜之類的地方指出這產品是如何如何地差勁，將它消滅掉。我們更可以成立團體，發明從體育用品到身體器官等各種物件。

工具正在改變，我們尋找、把握新商機，也需要不一樣的想像力。點子不只像從前那樣，在我們周遭飄盪，而且也在光纖電纜裡到處流竄。也正為了這原因，我會將焦點放在過去五十年的發明和發現上，而略過更早年代的發明。

發明的五個途徑

我們都偏向於相信，好點子都像天使降臨般，靈光一閃就出現。這種假設是受到古希臘人的影響，他們認為創造力是天神繆思送給我們的禮物；我們並沒有發明什麼，只是等待神明開示罷了。到了中世紀，「靈感」（inspiration）指的是上帝將真理吹進某人心靈中。就算到了現代，當我們談到解決問題時，仍然視之為一種令人目瞪口呆的過程——我們總是喜歡那些天外飛來、靈光乍現的發明故事。

有個著名的神話跟化學家阿古斯特．克古列（August Kekulé, 1829-1896）有關。據說他夢到一條咬著自己尾巴的蛇，醒來後他就「發現」了苯分子的環狀結構。可是，這個被當成事實般傳誦的故事，其實來自一篇寫於十九世紀的幽默文章，克古列的夢境極有可能被用來當成笑話的笑點，意圖諷刺科學家的裝腔作勢。儘管如此，就算明知是假的，我們依舊為這些故事所著迷。

也許原因是：真正的發明過程是十分瑣細的，感覺比較像不斷迷路，而不像童話故事般美好。我訪問過一些魔法師等級的發明家，例如和道格．恩格巴特（Doug Engelbart）合作開發出第一個電腦滑鼠的比爾．英格利希（Bill English）就不斷告誡我，破解難題是多麼花時間的事情——單單為了釐清各種想法，你就必須用心觀察、憑空想像、做做夢、尋尋覓覓，進行實驗，當然還要做出原型來看看。

談到突破時，他們敘述了好幾個不同途徑，有些我想都沒想過。例如有位叫做馬丁．庫珀（Martin Cooper）的工程師——即手提電話發明人——就告訴我說，他在一九六〇年代開始想到相關概念時，腦海中出現的是有如科幻小說的未來場景。庫珀想像著：以後每個人打從出生那天起，就會領到一個電話號碼，口袋裡有個可以隨時隨地連絡的通話機具。

到了一九七〇年代，隨著電池體積愈縮愈小，半導體也愈來愈普及，庫珀和他在摩托羅拉的同事真的拼湊出一部手提電話。儘管十分原始、簡陋，但經過他一場戲劇性的表演，這部原型機開啟了許多新機遇。當時庫珀手上拿著一部電話，在曼哈頓第六大道的人行道上走來走去，對著電話大聲嚷嚷，差點撞到一輛計程車，引來一群驚訝萬分的紐約客圍觀，他們可從未看過如此怪異的行為！然而，雖然庫珀已證明了這項科技是行得通的，但還是得等到十年之後，摩托羅拉才成功推出商品化的手提電話。

庫珀的心路歷程和那些靈光一閃的頓悟故事恰好相反。他從一個看似不可能達到的願景開始，接著發揮想像力，像電影導演或小說作家般穿越時空，進入未來。確實，許多科技都從科幻小說的情節開始萌芽。這只不過是發明家為了證明他們那些「不可能」的想法其實「不可能不發生」，而採用的諸多路徑之一。

我將這本書分為五部分，分別討論成功發明家採取的各種途徑，介紹不同類型的想像思維，以及我們如何將之應用在克服挑戰，挖掘出隱藏的機會。

第一部深入研究「尋找問題」。我們會檢視創意十足的人——例如斯達普——如何將挫折感轉化為找尋想像力的任意門。西方有句諺語：需求乃發明之母，好像有幾分道理，但其實意思不清不楚。什麼樣的需求才能幫助我們發現隱藏著的問題？為什麼有些挫折帶來偉大創意，但大部分卻無此功效？我們能不能從別人的痛苦中學習？

當然，不是每一項發明都從看到新問題開始的。有些發明家使用反向的工作方法；他們碰到的是意外和驚奇——某個聲音、味道或者是奇怪數據——而意會到這可能剛巧是某個著名難題的答案。在第二部，我們審視「發現」，思考「靈光乍現」在創意過程中扮演的角色。一九二八年，英國生物學家阿歷山大·弗萊明（Alexander Fleming, 1881-1955）度假回來，注意到實驗室某些培養皿上長了一些黴菌。他大可將那堆發霉的亂七八糟東西洗掉，可是他卻將黴菌放到顯微鏡下細看。一九二九年，弗萊明發表了一篇論文，介紹這些黴菌的殺菌功能，為其他研究人員帶來啟發，研發出盤尼西林這種藥物。那麼，一場意外如何轉化為新發明？我們能夠利用新的工具

——比方大數據——提高「靈光乍現」的發生率嗎？

在第三部，我們將「預言」和「想像未來」當成策略，看看效果如何。法國小說家朱爾・凡爾納（Jules Gabriel Verne, 1828-1905）在小說中將主角放進形狀如子彈的太空艙內，送上月球。小說的出版激勵了數以百萬計的各路英雄，紛紛夢想勇闖太空。所以，我們透過科幻小說自我激勵，尋求新的可能機會。這種思維在電腦業和通訊業尤其合用，因為這兩個行業的科技進步及輪轉之快速，往往只消幾個月的時間，所謂的未來便已到來。我們怎樣才能夠想得比實際發展還快？有沒有什麼定律主宰著科技的演化？需要具備什麼樣的想像力才能預測未來？

第四部將探討「將各種特異點子連結起來」的挑戰。我們將見到一些人扮演「異花授粉」的角色，攜帶著創意的花粉，從一個領域嗡嗡嗡飛到另一個領域。我們要探究的是：需要什麼樣的心智技巧才能將兩個看似南轅北轍的想法融合在一起？誰在扮演媒人的角色？他們如何將問題和解決方案連結起來，否則問題就會一直無解？我們也發現新工具如何讓原先毫不相干的人聚在一起、互相合作，確保最好的點子能受到優先考量。

在第五部中，我們將探索「承擔及教育下一代」這項挑戰。的確，「認領」某個難題需要具備強大的勇氣。當你決定進攻某個巨大難題，你可能面對別人的嘲笑、排擠或反對。那麼你為什麼覺得你可以進行這項發明？教育家又如何教育小孩子挑戰現狀和權威，在別人設計的環境中取回主導權？在這最後一部，我們反思想像力的未來面貌，特別是往後當數以億計的大眾都能擁有先進的研發工具時，會帶來什麼樣的政治、社會演變與意義。

第一部　尋找問題

創意十足的人如何將挫折感轉化為找尋想像力的任意門？「需求乃發明之母」，但什麼樣的需求才能幫助我們發現隱藏著的問題？為什麼有些挫折帶來偉大創意，但大部分卻無此功效？我們能不能從別人的痛苦中學習？

第一章　火星人時差

每個勞動者都成為一項小工序的專家，而他密切關注的工序最終可能啟發他「找出更容易和好用的方法來執行」任務……

一九七〇年某天，在行李箱製造公司位居副總裁的伯納德．沙島（Bernard D. Sadow）正費力拖著兩件行李穿過機場。突然，他注意到有個工人推著手推車，上面放了一台機器。他受到啟發，開始做實驗，弄了個可以像小孩玩具那樣拉來拉去的滾輪行李箱；他最後申請專利的行李箱穩穩坐落在滾輪底座之上，箱子上連著一條有彈性的帶子。於是你再也不用「攜帶」行李，而可以像拖著小狗般拉著行李箱跟你走。沙島的點子具有革命性意義——這是專為機場設計的第一代行李箱。

雖然這款行李箱在一九七〇年代銷售甚佳，卻沒有成為旅客的標準配備。今天你極少看到手拉式行李箱。為什麼呢？因為沙島的設計只解決了一半的問題。只要稍微用力拉，行李箱便會撞向你的腿。拖著它轉彎時，行李箱也很容易失去平衡，東歪西倒。

到了一九八〇年代，一個名叫洛伯・帕拉斯（Robert Plath）的飛行員在家裡為自己量身打造了獨家的滾動式行李箱。他的設計比沙島的版本改良甚多，他將輪子放在箱子的一邊，使得箱子能以一個角為重心而翹起來，也將具彈性的鏈子改為堅硬的把手，但把手可像伸縮喇叭那樣控制長短，讓箱子以適當的傾斜角度乖乖地跟隨你，但又不會撞到你的腳踝。你可以輕鬆自在地拖著這樣的行李箱在機場走來走去。

為什麼飛機師的洞見會比副總裁的點子有用多了？答案跟兩人對同一問題的不同體驗有關。沙島只不過是個去度假的企業界人士，他尋求更好的解決方案，純粹是為了應付短期需求。可是帕拉斯每次上班都要拖著行李走來走去，日復一日！他有強烈動機要深入思考這個難題，在家裡車庫改裝他的行李箱，為經常飛行的旅客想出聰明新穎的設計。帕拉斯的職業讓他提早進入未來世界——搭機旅行變得無比尋常、也無比痛苦的未來世界。

一九九〇年代，飛機票價暴跌，大小企業都開始讓行政人員飛到各地出差，有時候一周飛好幾次。感覺上飛機愈來愈像巴士了——擁擠、有臭味、還吵吵鬧鬧的，正如《連線》（*Wired*）雜誌有個標題說的：「生活爛透，你還要搭飛機。」這篇文章報導的是科技業員工搭機橫跨美國東西岸通勤時，不幸坐到中間位子、夾在左右旅客之間的苦況。到那時候，任何可以減輕飛行痛苦的東西——從安眠藥到能抵消噪音的耳機——旅客都會殷殷期盼。這也是滾輪行李箱變成重要配備的年代。帕拉斯的行李箱可謂一飛沖天。

把苦差事變輕鬆

早在一七七六年，亞當斯密在他的《國富論》（*An Inquiry into the Nature and Causes of the Wealth of Nations*）就觀察到：不斷重複某個工序時，會產生某種奇怪的魔力。他描述在製針工廠裡，一名工人專門將鐵線弄直，另一個工人將鐵線剪斷，還有第三名工人則負責將鐵線削尖。在這樣的工廠裡，每個勞動者都成為一項小工序的專家，而他密切關注的工序最終可能啟發他「找出更容易和好用的方法來執行」任務。

事實上，亞當斯密還主張，工廠制度的一大好處，就是會將工人轉化為發明家。工廠勞動者為了讓苦差事變輕鬆而設計的「漂亮機器」備受他稱讚。例如，他注意到有個男孩負責的是在活塞運作的某個時刻同步拉動槓桿。這個冷酷無情、折磨人的任務卻啟發男孩想出聰明的替代方案：他在槓桿上綁條繩子，繩子另一頭則綁在機器上，於是機器會自動替他拉動槓桿。讓工作自動化之後，男孩就翹班跟朋友玩耍去了。

經濟學家艾力克・馮希培（Eric von Hippel）對於「重複能培養出想像力」則另有觀察。他在二〇〇五年一場演講中說：「我切身體驗到：你可以叫一個研究生做很多事情，但無法要他重複同樣的事兩萬次，因為他們就會開始發明」將沉悶工作自動化的方法。似乎有某種臨界點——

經過多少小時之後，挫折感就會催生有創意的洞見。

一九七〇年代，馮希培為「長期掙扎於尚無現成解決方案的問題」的人取了個名字：先驅使用者（lead user）。他們的工作或嗜好讓他們碰觸到一些奇奇怪怪重複、沉悶或危險的動作。當單車愛好者愈來愈喜歡長時間在森林中玩耍，卻因輾過石塊和樹墩以至輪胎破裂，他們就受到啟發，而打造出登山車。早期發展出心臟手術的外科醫師必須自行設計工具，以符合新方法的需求。一九八二年，卡內基梅隆大學一位教授注意到電子時代的溝通有個問題——口水之爭——於是他發明了笑臉表情符號，好讓網友冷靜下來。

先驅使用者理論

馮希培加入學術圈成為ＭＩＴ史隆商學院教授之前，在一家新創公司當工程師，他也因此注意到先驅使用者的存在。一九六〇年代，他自己成為一名先驅使用者。

那時候，馮希培為了改進傳真機的效能，需要一部小型電風扇。於是他聯絡一位普林斯頓的空氣動力專家，共同設計了電扇。馮希培拿著藍圖，跟一家製造商達成協議，製作電扇。

沒多久，馮希培接到製造商的電話：「很多人也想要像那樣的電扇。」工廠代表告訴他：「我們……可以幫他們生產嗎？」

馮希培說好呀，然後有一天他翻閱工業期刊時，赫然發現一則關於這種電扇的廣告。那家製造商還宣稱這是他們的發明呢。你一定以為馮希培會火冒三丈，但相反，他深深為之著迷。馮希培誤打誤撞地，發現了改變他一生的重要線索，他的洞見也就此改變人們對於「科技創造力」的認知。

一九七〇年代，馮希培轉型為學術研究人員，並專注在一個問題上：誰才是夢想／構想出突破性點子的人？他為了找答案而想出的方法，和警察茫無頭緒地偵查謀殺案時採用的方法十分類似──深入翻查檔案，訪查證人，踏破鐵鞋四處找線索。馮希培在早期研究中，挑出一百多種實驗室儀器，花錢聘請研究人員協助找出每樣產品背後的故事。結果發現，大約百分之八十的科學儀器都始於某人需要這樣的工具。比方說，一九六四年哈佛大學舉辦的研討會上，一名實驗室員工介紹他發明的方法──如何使用一片金箔將顯微鏡上的髒東西「烤掉」。過了幾個月，生產商就將這概念商品化。無論是馮希培或其他人的後續研究都顯示，在其他許多領域也出現相同模式。

一家公司可能會跟某人「哀求、借用、偷取，或購買他的點子，而那人卻始終籍籍無名。」納特・斯姆思（Nat Sims）醫師這樣告訴我。他是美國麻州綜合醫院的駐院發明家。接著這些公司會「投資幾百萬美元，設法讓產品成功，克服所有的困難。雖不盡然出於惡意，但慢慢地，遺忘該產品過去的歷史，變成公司文化不可或缺的一部分。」幾年過去，沒有人會知道某產品來自何方，它的前世今生再也難以查清。終於，我們都相信產品是由該廠商發展出來的。

當然，只有某些類型的問題才稱得上有價值。理想狀況是，你希望讓你吃盡苦頭的挫折目前還十分罕見，以至於沒幾個人曉得，但有朝一日卻會讓許多人感到痛苦不堪。「先驅使用者熟悉的狀況，對其他大多數人而言，都是未來才會發生的事情。」馮希培寫道。因此「他們形成了一種『需求預測實驗室』的作用。」有些先驅使用者經歷的問題具有強烈的未來色彩，我們一般人連想像或理解它都有困難。「火星人時差」就是個好例子，它指的是跟火星探測有關的工程師因工作而出現的睡眠障礙。

由於火星日比我們的地球日稍長一些，因此負責操作機器人進行火星探測的工程師必須不停挪動他們的時間表：今天凌晨三點四十分吃早餐，第二天凌晨四點二十分吃，接下來變成五點鐘吃。「感覺上彷彿每天都往東飛行四十分鐘，」其中一位工程師黛博拉．巴斯（Deborah Bass）說，「慢慢就真的受不了了。」

雪上加霜的是，每個火星登陸任務都依據火星上的日出和日落，自成一個時區。為此，「火星探測漫遊者任務」（Mars Exploration Rover Mission）的工程師史葛特．麥斯威爾（Scott Maxwell）在試算表上做了一些計算，弄清楚什麼時候應該起床。二〇一二年，他設計出一套叫做「火星時鐘」（MarsClock）的手機應用程式，幫助自己追蹤火星漫遊者以及準時上班。他告訴我，那個應用程式同時「搔到兩個癢處：一方面替自己弄了個方便使用的火星鬧鐘；另外就是和許多漫遊者粉絲分享這趟任務的樂趣。我經常想透過各種方法和他們分享。」數以千計的粉絲下載了這個應用程式，從此，這個從火星任務衍生出來的玩意兒就活在他們的手機上了。

像麥斯威爾之類的工程師面對各式各樣的問題，可是這些問題目前還不會影響到任何人——比如說，遠在另一行星上的機器被灰塵塞住時該怎麼辦？大部分為此而產生的發明都是只用一次的解決方案，似乎永遠不會廣泛散播。但想像一下：倘若有家企業決定在火星上用機器人開採礦藏呢？屆時會發生什麼事？也許到時許多人都會抱怨：「那該死的機器人電線又燒壞了！」那樣的未來如果真的到來，想想看，哪些人將率先為星際機器人的操控問題提供解決方案？極有可能就是今天已在跟這些問題搏鬥的科學家！我們將在本書第三部更深入探討未來的問題，看看為什麼預測和預想未來對於發明的過程是那麼重要。

但現在，姑且先回到手邊的題材——發現問題——溫習一下目前所討論過的。基本上，最有價值的挫折有三個特點：

一、挫折感長期持續存在，因此啟發出更多和更好的解決辦法。

二、讓原先難以偵察到的隱藏問題暴露出來。

三、預示未來可能影響數以千計、甚至數以百萬計民眾的問題。

碰巧，三種特點杰克．多西（Jack Dorsey）全遇上了。

使用者和問題的發現，以推特為例

一九八〇年代，還是個孩子的多西很喜歡聆聽警察或市民波段對講機上的對話，對於救火車或救護車司機講話時使用的特有語彙極有興趣。他們使用簡短的密碼互相呼喚，告訴其他人自己目前的位置及在做什麼。

到了二〇〇〇年，多西已經成為軟體人員，負責編寫協助市內汽車和卡車規畫路線和流暢行駛的程式。他仍然對交通方面的課題興趣濃厚，甚至產生奇想：如果救護車可以向大眾宣告它的位置以及正在做什麼，為什麼他不能這樣做？多西開始幻想為自己而寫的程式，有點像警察對講機那樣運作，當他在舊金山或奧克蘭走來走去時，可以讓別人曉得他的動向。

「我沒考慮其他人的需求，只思考我想要什麼。」多西後來告訴一位記者。於是他草草拼湊了一些程式，純為滿足私人願望。那時候，多西有一台RIM850手機，是當時少數可顯示以及傳送電子郵件的手機。他想了個方法，讓手機能發出文字廣播訊息。

有一天，他在金門大橋公園發了封訊息，意圖讓朋友知道他在哪裡、在做什麼（他在看野牛）。回應他的是一片靜默，因為朋友使用的手機沒有幾部能收到他發出的文字簡訊。這一刻，就是他的火星人時差；他比其他人早了很多年遇到某個問題。可是，多西滿懷信心，認為其他人終會跟上。

六年後，多西轉到一家叫做奧迪奧（Odeo）的公司上班，經常向同事介紹他的概念。到了這時候，世界已經跟上他的腳步了，數以百萬計的手機都配備了「簡訊服務」（SMS，Short Message Service）功能，可以輕鬆收發文字訊息。

多西和合作夥伴只花了兩星期，就完成他們的社交網路。一開始的「推特」（Twitter）有點像沙島的行李箱。沙島看到「將拖著走的行李箱轉變為滾輪上的運輸工具」的潛力，然而他的執行方式十分笨拙。同樣地，多西和他在推特的同事賦與手機全新的能力，將手機轉化為二十一世紀的CB對講機，容許臨時組成的社群透過手機報導任何事件的發展。可是，他們剛誕生的網站笨拙不好用，經常停擺，更缺乏讓人上癮的許多特色。

本章稍早我們討論過，痛苦和挫折感會對發明產生一種累積效應——一如亞當斯密指出，當工人不斷重複又重複同樣的動作後，他們對於如何減輕機器帶來的勞累和不愉快，會累積甚多心得。

推特及許多社交平台的故事顯示：其實任何人都不必長時間忍受挫折感。要是成千上萬人不必要地重複按某個電腦鍵，哪怕每天只花幾秒鐘做這件事，千萬人中終會有某個使用者注意到這微小的挫折感，而發明新方法來解決問題。

因此當推特的工程師忙著救火、勉力維持網站運作時，由用戶組成的救火隊已開始為自己的需求量身打造，自行動手改進網站的功能。例如二〇〇六年間，推特用戶羅伯．安德森（Robert Andersen）在弟弟巴茲（Buzz）的名字前加上「@」這個符號，代表他直接發簡訊給巴茲。其他用戶立刻擁抱這概念，因為太有用了。「如果你回頭看早期的推文，會發現那時大家沒有對話，直到他們開始使用@，一切才改變。」多西自己坦承。

隨著用戶花幾千小時——接著幾百萬小時——的時間在推特上，他們累積了許多寶貴意見，可從中了解推特失敗之處以及用戶的沮喪和不滿。推特網民開始實驗新的語彙和讓大拇指省點力氣的捷徑——不單是@號而已，還有井號（#）功能，推文轉發等等。這讓我們想到關於「需求和發明」的第四個重點：想了解某個問題嗎？問問相關的團體吧。

當許多人都經歷同樣的痛苦或感到挫敗連連時，這種狀況其實隱含了龐大的資料，有助於解決問題。但如果這些知識分散在數以千計的民眾心裡，我們該怎樣將它蒐集起來，彙總在一起？

接下來的章節我們會探討各種社群如何凝聚在一起，清楚說出他們的需求，並定義問題，也會看看發明家如何跟社群合作，從中吸取寶貴的智慧和洞見。

第二章　使用者—發明家

忍受相同痛苦、擁有相同欲望的人可以匯聚在一起，共同發現問題及定義問題，而透過網路，這樣的合作變得實際可行……

一九九〇年代，添姆．德克（Tim Derk）經常穿著包覆全身的厚毛皮連身衣，頭上罩個保麗龍頭罩，裝扮成聖安東尼奧馬刺隊（San Antonio Spurs）的吉祥物「小野狼」，在美國各地的職業籃球場上跑來跑去。那時候仍處於所謂「彈弓時代」，各隊吉祥物都使用強力橡皮筋彈弓，將球隊紀念品拋到群眾之中，以增加球賽的趣味。可是彈弓的射程有限，德克為此大為懊惱，因為他無法將紀念品送到球場看台最高處的觀眾席。月復一月，德克都在尋找更好的方法。

「連同幾個儲藏槽在內，這東西重達九十磅。」德克跟我介紹由他引介的「T恤砲」。雖不記得確切日期，但他在一九九〇年代開風氣之先，使用T恤砲。「有點像背上扛個電視機，砲管至少四英尺長，用生鐵打造，就是那種用在洗臉台下面通到地板的管子。」他說。球迷喜歡得不得了，T恤砲迅速爆紅，美國各地其他球場紛紛仿效。

德克絲毫不在意他是否因這項「發明」獲得名聲。他覺得，沒有甚麼人真正擁有這個點子的專利：「並不是說前一分鐘這概念還不存在，下一分鐘就突然冒出來，而是（在吉祥物社群中）慢慢演化。」德克繼續說：「鳳凰城太陽隊的大猩猩和我是最早的開路先鋒。」但其他許多同行也有貢獻。他說，職業吉祥物都好比加入了「毛皮兄弟會」，大家分享新手法，互相借用點子，再將點子用最誇張的方式即興演出，娛樂球迷。

我不確定肯恩．所羅門（Kenn Solomon）是否覺得自己也是「毛皮兄弟會」的一份子，但他也認同分享點子和即興演出的想法。所羅門是丹佛金塊隊的吉祥物，頭戴一個極為龐大的頭罩，裝扮成名為「洛基獅」的山獅。他也不斷發明。「如果你的手是毛茸茸的爪子，就無法操作攝影機了。」他告訴我說，「你無法撿起一枝鉛筆，也抓不住美式足球或籃球，更甭提拋球了。」他重新設計服裝，讓手指可以從爪子上的小洞伸出來，從而解決了這問題。現在，他可以幫球迷簽名，甚至「抱起小嬰兒，不用擔心手一滑，害他們掉到地上。」

各隊吉祥物永遠在解決問題：身上包著三十磅的泡棉和長毛絨時，你要怎樣才能展現個性？他們努力思考這個問題，思考他們的配備。「我絕對不會使用不能從吉祥物的眼睛往外看的服裝，」所羅門說，聲音充滿感情，「如果吉祥物的嘴巴必須永遠大大張開，頭也必須往後仰，才能看到外面，吉祥物會顯得笨拙可笑，也不可能發展出自己的個性。你的眼睛一定要可以從服裝的眼睛部位望出去。」

德克和所羅門在吉祥物肢體動作以及服裝製作方面，知道極多的技巧，遠勝過大多數人，可是他們並不就此假定自己「擁有」這些知識。他們在極度自由的空間裡工作，分享被視為標準常態。處理專利案件的律師稱之為「負空間」（negative space），即在某些範圍內，那些人只管創造而不為他們的點子謀取專利權。許多關於農業、民歌、魔術技巧、宗教、笑話、髮型、維基百科、語言或滑輪競速比賽……等人類活動，都是從負空間中湧現出來。我們匯聚在這個共同空間中，分享各自的恐懼，一起尋求解決方法。我們都是這個共同體的一份子。

網際網路就是一個負空間，因為它不屬於任何人，而且每個人還不停地協助修補改進負空間，滋生全新的生態系統——虛擬的宇宙——滋養著由數以百萬計的網友心靈孕育出來的雜草和野花；就像個龐大的研發實驗室，大家在這裡分享各自的實驗，也從別人的經驗獲益。我有個朋友想為女兒蓋一座華麗的娃娃屋，她在YouTube上隨便就找到幾百部極為有用、教人如何著手的影片。就像愛麗絲漫遊仙境時掉進兔子洞般，我的朋友也掉進娃娃屋迷的世界裡，發現無數蓋微小模型屋的聰明技巧。

發明創造的暗物質

負空間是如此龐大遼闊，有數百萬人牽涉其中，你很難衡量、更難具體算出從中能生出多少價值。馮希培稱之為「暗物質」，因為就像物理學中的暗物質那樣，創造力的發酵因素瀰漫在你我周遭，可是卻很難將之量化。他和同僚指出，在車庫或地下室進行、然後上傳網路分享的發明活動，大概已遠遠超過企業界花在產品研發上的力氣。

像美國國家科學基金會之類的組織長期追蹤各大學、企業、非營利機構以及各州政府單位花在研發上的經費，可是他們很少花力氣去衡量自造者、業餘愛好者以及開放原始碼發明家等等的成果。過去十年左右，數以百計的公共「創客空間」（hackerspace）如雨後春筍紛紛冒出，但想找到完整的名單十分困難。

不過，今天我們確實有點曉得究竟是哪些人在敲敲打打地創造和發明事物了，因為人口統計專家已開始在地圖上標出金頭腦國度。二〇一〇年英國做了個調查，發現百分之八的英國人會動手改造自己的工具或改進技術，甚至打造原型。根據二〇一三年《時代》（*Time*）雜誌針對十七國、數千位成年人所做的調查，回答問卷的人士中有三分一自認是「發明家」，顯示全球有數十億人以自己有能力改進、打造或影響設計環境為榮。這可能包括在家裡創造或修改產品，從宜家（Ikea）家具到手機應用程式到小兒學步車不等。因此，流落在外的暗物質看來數量龐大，飽含資訊寶礦，從中可以找出諸多尚未被關照的問題，以及目前商店貨架上的商品尚未滿足的需求。

當然，有些人純粹為了敲敲打打而敲敲打打。但很多人之所以會如此，卻是因為遍尋不獲符合他們需求的產品。第一章提過的美國麻州綜合醫院駐院發明家斯姆思醫師告訴我：他有些醫生朋友自己設立機器工作間，看到手術工具有問題或不合用時，就會設法改造現有工具或自行設計稱手的新工具。他們會這樣做，是因為他們需要的工具根本不存在，而親自動手做，要比嘗試說服某家公司來替他們生產容易多了。

當然，許多發明不是個人工作室可以應付得來的，而必須由口袋夠深、能長期投資的大機構來進行研發（往後我們會討論一些例子）。像手提電話、半導體、雷射等突破性科技，都是在大型實驗室裡花了幾百萬或幾十億美元後才研發成功的。但在應用發明的領域——為符合需求而做的小更動——使用者反而比大公司或學術機構的實驗室更占優勢，因為他們才是長期飽受挫折的人，能從挫折中看到發明的機會。把住家當實驗室的發明家挺身而出，填補了職業設計者忽略掉的利基市場。

這現象在義肢的世界裡特別顯著。見義勇為的人匯聚成社群，為自己或他人打造人人買得起的部件裝置。

最簡單的想法，就是最好的想法

黛芭・拉圖兒（Debra Latour）天生缺了前臂，有一條手臂只到手肘部分。於是打從孩提時代，醫生就替她配了一條機械手臂，前端的鉗子扮演手的角色。

在一九六〇年代初，義肢還十分簡陋、原始和笨拙。身為女孩子，拉圖兒要像在馬匹上安馬鞍般，將裝置綁在肩膀上，透過一條沿肩而下的繩索，控制鉗子的動作。

小時候，拉圖兒相信終於會出現某個發明家，能協助她擺脫笨拙馬鞍之苦，等她長大後穿戴的義肢肯定已是太空時代的裝置了。而確實，美國國防高等研究計畫署（Defense Advanced Research Projects Agency，DARPA）或其他先進實驗室的工程師早已打造出看起來或感覺上都像肌肉的仿生手臂，只不過要價極端昂貴，從十萬美元起跳。拉圖兒說，美國醫療保險體系大都不幫患者給付高端裝置。此外她還指出，簡單的機械裝置往往比所謂的高科技產品更可靠。

這是為什麼到了二〇〇五年，她仍然每天一早就綁上那副盔甲。「當我想抓住一樣東西時，另一邊肩膀必須前傾用力以拉動繩索。」她告訴我說。重複這些動作多年後，已經對她身體造成傷害，長期疼痛。

我問她，機械式義肢為什麼幾十年來都沒怎麼改進，為什麼沒人提出更佳方案？

「問題在於我們這些有手臂缺陷的人只構成一個小市場，」拉圖兒解釋道，「我們是小眾。」利潤這麼低，企業提供的選擇自然不多。

對拉圖兒來說，轉捩點出現在她參加的一次靈修。她在冥想狀態中突然想通了：她不能再等待別人解決她的問題。她開始幻想改進那副馬鞍盔甲的方法，之後有個晚上，大約在靈修兩星期後，「我醒過來，感覺有點心神不寧。」她說。一個清晰的影像在腦海裡逐漸成形。半夢半幻中，她檢視自己的背部，蒼白皮膚上閃現預兆。她繼續專注看著這影像，有個按鈕慢慢在右肩胛骨下方出現。「我意會到，『噢！天哪！我可以用這個小小的塑膠補丁來替換掉整個盔甲！』」第二天，她開始用繩索和塑膠配件進行實驗。三個月不到，她就發展出一個像杯墊大小的裝置，她稱之為「主心骨」（Anchor）。她將它固定在肩胛骨附近的皮膚上，靠著伸展背部的一小塊肌肉——幾乎像使用一根小指頭那樣——她可以推動扣在主心骨上的扣環，牽動繩索，從而控制機械手臂。她再也不用披上那副馬鞍甲胄了，而且身體也不再疼痛。

拉圖兒將這項裝置提供給位於麻州春田市的施里納（Shriners）兒童醫院的病人。她是該醫院的臨床醫師。她發現這個方法對幾十位上半身有問題的病患功效卓著。她將專利捐給了施里納醫院，院方隨即允許拉圖兒製造及行銷她的主心骨。於是拉圖兒和丈夫在家裡開起公司來，就在飯廳裡組裝這個裝置，寄去給任何有需要的人。「我們完全不是為了錢。」拉圖兒告訴我，而是被一股幫助別人擺脫負累的熱情所驅動。

二〇一四年夏，我首次和拉圖兒會面的那天，她剛好在暴風雨中開了好多小時的車去布朗大學，在為期一周的「超級英雄生化人」研討會中跟一群對工程有興趣的年輕人演講。她身穿筆挺白襯衫、黑長褲和球鞋，一頭金髮往後梳，綁成馬尾，給人的感覺是：有能力又願意幫助病患的人。當天她穿戴上她最喜歡的手臂，那是用碳纖製造的，前端抓手強而有力。眾小子圍著她，看她表演手臂抓東西的精準度。她一腳踏在椅子上，解開鞋帶，然後又綁上鞋帶，動作快速又優雅。

「嘩！」群眾中一個男孩讚嘆不已，「也許那手臂不像真的人手，可它真的使命必達！」

「完全正確，」拉圖兒說，「而且重要的不單是手臂，重點是你還能利用身體來驅動它。」

然後拉圖兒轉過身來，讓年輕人看看她襯衫底下的那塊主心骨，她就是靠它控制抓手的。

「我想告訴你們的是，有時候，最簡單的想法就是最好的想法。」

讓孩子設計自己的義肢

她教導他們的，是一堂掙扎求生的課。就算到這年頭，許多用在上半身的義肢，例如碳纖手臂，仍然要價高昂——從五千到八萬美元都有——大部分病患根本負擔不起，許多父母不停面對傷心兩難：要不要花七千美元為女兒裝個手掌，但一兩年後等她再長大點，義肢就變得太小，需要換新？

甚至在美國，許多上身肢體殘障的小孩都在沒有義肢的情況下勉力活下去。不過有一群孩子、父母以及具備工藝技術的人因為這樣的兩難而聚在一起，成為社群，如今全球有數以千計的人共同設計並分享義肢。

二〇一二年間，羅徹斯特理工學院（Rochester Institute of Technology）有位教授鍾恩・史寇爾（Jon Schull）參加了一個研討會，會中一群工程系學生談到他們如何幫一個病患量身打造、設計義肢。「每個人都感覺很棒。」史寇爾告訴我——但他卻開始擔心。他記得當時他問了個問題：「如果有一個人有此需求，那表示全球很可能另外還有十幾萬人會碰到同樣的困難。我們有沒有為這些人提供什麼協助？」

他的同行告訴他：「事實上，沒有人在研究你提出的問題。」

於是史寇爾開始想像：擁有3D列印設備的大學能組成全球跨國網絡，提供任何有需求的人義肢列印的服務。「我坐在那裡旁聽他們的討論時，一切突然豁然開朗：世界上應該出現那樣的網絡，」他告訴我，「我嘗試說服其他大學的同行共襄盛舉，但不成功。要動員不同學校的人合作十分困難。我甚至無法讓我任教的大學對這想法產生熱情，幾個月後我就放棄了。」

一年後，他看到一段YouTube影片，是關於南非木匠李察・范艾斯（Richard Van As）的故事。范艾斯在一次意外中，被切掉兩根手指，而當他尋找替代的手指和手掌時，才發現義肢貴到他無法負擔。於是他聯絡華盛頓州一位製作木偶和各種小玩意的艾芬・奧文（Ivan Owen），結果兩人創造了「機器手」（Robohand），可透過3D列印機生產機械手的各個配件，再加以組合。機械手指上有尼龍繩「肌腱」，穿戴者彎曲手腕時，就會拉緊「肌腱」，機器手上的手指因此可抓緊東西，例如鉛筆或一杯水。他們倆還免費公開數位化的設計圖，任何人只要找得到3D列印機，就可用低於三十美元的成本，製造出所需的機械手。

當史寇爾發現機器手的故事後，他知道從此任何一個具備3D列印機的工作室都可以成為義肢製造所，只要有人將各地的製造志工組織起來，安排有需求的人跟他們聯繫即可。「回頭看這件事，當時我的想法很聰明，也很天真。」史寇爾說。他整理出一張Google地圖，上面注明了所有擁有3D列印機且願意提供協助的地點；同時，希望為孩子量身打造機器手的父母也可以將自己的地點標在地圖上。就這樣，一個名為e-NABLE（譯注：「enable」這英文字有「賦予能力」的意思）的全球社群便誕生了！從那時開始已有超過三千兩百名志工參與；而當我寫下這段文字時，e-NABLE志工已經製造過七百多件義肢，接受幫助的孩子（也有一些成人）如果不是因為e-NABLE，根本不可能擁有機械義肢。

史寇爾的夢想是提供病患負擔得起的解決方案，他可沒預想過由此過程中湧現的多樣化以及創造力。e-NABLE社群中的許多小孩子往往才是真正的設計者，而且由於配件都是用塑膠列印出來，他們可以選擇任何顏色——綠色、紫色或粉紅色。他們更可以決定要有多少根手指，上面弄些星星壓花或皮革感。機器手可以像小馬的馬蹄般細滑，也可以像龍爪般布滿鱗片。

「葛尼格．丹尼森（Greg Dennison）擁有自己的3D列印機，他替他的小孩發明了一隻很酷的手，有兩根大拇指，兩邊各一根。好讓他把東西抓得更緊。」史寇爾也告訴我，另一個名叫圖里的小孩，則想要一隻能在黑暗中發光的手，當然，他的願望達成了。「三星期前才有個來自水牛城的小孩，九歲大的德烈克坐在我的大腿上，我給他看我們正在幫他設計的手臂。我一邊說明，他一邊撿起兩隻手臂的樣本，將它們連在一起成了兩倍長的手臂，說：『我想要一條這樣長的手臂。』當然可以。為什麼不行呢？」

e-NABLE社群讓我們窺看到，當發明和合作普及到無所不在以後，會是何等景象。到那時候，連最古怪的願望都能得到滿足。「這群人拿掉了緊箍咒，釋放出機械手新設計的寒武紀大爆發，」史寇爾說，「當中沒有經營者，沒有工廠，也沒有特別規畫。」最令人激賞的突破是在價錢上：「商業市場中，一隻機械手的要價有時高達瘋—狂—的—四—萬—美—元，絕少低於幾千美金，而我們則免費提供。」

直到不久以前，如果你因某個問題吃盡苦頭，你要不就付錢購買解決方案，要不就自己想辦法製作需要的東西。如今出現第三條路。「現在出現了實實在在的全新可能，從發明、生產到鋪貨都變成分散式，不再是中央集權，」史寇爾預言，「現在生產工具掌握在大眾手裡。我們極可能真的從工業革命進入資訊革命，再進到另類經濟革命。」

然而談到發明時，我們似乎還是將之看成必須在大企業規畫主導之下、在愛迪生式的實驗室中才會出現的東西。這假設是如此根深柢固，以至於不斷出現在我們的思維裡或談話中，我們會這麼說：「他們應該製造出不會漏牛奶的包裝盒。」「他們」才是工程師、設計師，「他們」的工作是了解我們的需求。我們叫一般人為「消費者」（consumer），企業則是「生產者」（Producer）。

但現在我們之中有許多人開始想跟產品互動，一如我們跟媒體產生互動那樣——換句話說，在消費者和生產者之間的灰色地帶活動。經濟學家有時會用一個混成詞來形容這群新品種：「產消者」（prosumer）。《牛津字典》對此給了個有趣的定義：「參與設計、生產或建造產品或服務的潛在顧客。」坦白說我並不那麼喜歡「產消者」這名詞，因為隱含的意義是：我們的創造力只不過是消費者的另一面貌而已。也許最好的說法仍然是「發明家」——如果能擴大解釋，讓這名詞包含更廣泛的意義的話。

正如我們在本章中看到，忍受相同痛苦、擁有相同欲望的人可以匯聚在一起，共同發現問題及定義問題，而透過網路，這樣的合作變得實際可行。當然，你不是永遠都能夠和使用者搭上線，更不消說從他們豐富知識中得利。就弱勢團體而言，更是明顯，他們可能連電腦都沒有，就算有，也不容易能夠真正了解他們的需求，除非你花時間跟他們接觸。這是為什麼發明家經常沉浸在其他人的困難和痛苦中。

有些工程師和設計師喜歡使用民族誌學家的方法，花幾星期甚至幾個月在某個團體中生活，深入了解他們的問題。下一章，我們就是要探討，這種沉浸方式如何打開想像力的大門。

第三章　踏進別人的鞋子裡

連續創新家需要活在問題裡，透過第一手經驗培養自己的感覺，以察覺哪些才是重要的問題。他們竭盡所能感受他人的痛苦和挫折，為消費者服務……

第一次聽到艾美．史密絲（Amy Smith）的名字是在二〇〇三年，好幾個朋友都跟我提到ＭＩＴ這個非典型教師的神奇故事——她居然將整班學生搬到加勒比海的小島國海地（Haiti）去上課！完全顛覆了傳統角色，在那裡，海地的農夫幫忙教育ＭＩＴ的學生，教導他們關於科技的事情。我覺得這好玩極了，於是想方設法追蹤史密絲，但這並不容易，因為等你找到她，她每每正要衝去機場趕飛機，前往迦納或甘比亞。我那天也像這樣在ＭＩＴ某條走廊，跟在她後面努力奔跑。史密絲手裡拿著水桶，邁開大步，正要去查爾斯河取些髒水回來，準備在課堂上做教學示範之用。她一邊往河邊跑，一邊告訴我在偏鄉檢測水質時碰到的考驗。

走到ＭＩＴ行政大樓的大門口，史密絲一手推開厚重的大門，外面的繁忙交通立刻映入眼簾。她繼續講述著水質檢測，同時一屁股側坐在欄杆上，優雅地滑下去，到了欄杆盡頭，再熟練地跳到人行道上，講話可一刻未停。「冬天時可以滑得更快，」她說，「因為穿著外套。」欄杆事件充分展示她對於設計的思維：滑欄杆比走樓梯少費一點力氣，而且完全免費。

我們在前面章節中，討論過痛苦、挫折感或苦差事如何激發出有用的技術洞見。但經常發生的是，工程師和設計師完全在狀況外，無法理解其他人的問題。

事實上，許多設計學校都會教導學生：只需了解自己的需求，把自己想像成消費者即可。隨他們自由發揮的話，多數大學生都會重複「發明」相同的事物：設計出讓大家喝更多啤酒的裝置或提醒你哪裡出現帥哥辣妹的手機應用程式。發明家馬克．貝林斯基（Mark Belinsky）告訴我：「大學生總是傾向以其他大學生為目標。他們喜歡約會和交際聯絡，從來沒想要解決飢餓、空氣品質或健康問題。」換句話說，許多學生從沒學習過如何偵測出會影響其他國家民眾或困擾窮人的問題。

史密絲設計了一套獨門系統，以同理心的形式教授工程課，包括將全班學生帶到沒有自來水及電力的小村莊，學習、體會當地獨一無二的問題。這群學生和當地人合作，設計出能改善生活的設備。

我坐在史密絲的D—實驗（D-Lab）課堂上旁聽，同學圍攏在一張巨大桌子旁，吱吱喳喳地討論著即將到來的海地之行。再過幾星期就要出發了。此行除了協助當地人解決技術問題，他們還會幫村民檢測飲用水，看看有沒有危險的細菌。史密絲正要告訴他們如何進行檢測，順便推介其中的道德意涵。

她指著一塊形狀像銀色啞鈴的驗水工具說：「這套測試設備要價六百美金，我個人對此十分反感。」當學生實際在野外工作時，她說，會使用一套便宜許多的設備，一套由她發明、利用嬰兒奶瓶拼湊而成的設備，只需花二十美元。「你可以用同樣的經費，做更多次測試。」她說。

在野外，學生需要將水樣本放在培養皿中，讓它在穩定溫度中待上一整天。可是在沒有電力供應的小房子裡，怎樣才辦得到呢？再一次，史密絲手上有解決辦法。她拿出一個網袋讓大家傳著看，裡頭裝了些像白色玻璃彈珠的東西。這些小白球包含了一種聚合物加工過程中經常用到的化學物質。將它們放在絕緣環境中加熱，小白球會維持在相當於人體體溫的攝氏三十七度，為時二十四小時。小白球是史密絲的發明——毋需電力的「相變恆溫箱」——的關鍵配料。這個恆溫箱名為「PortaTherm」，目前被廣泛用在協助發展中國家診斷傷寒和副傷寒病症上。

現在，她想在黑暗中展示細菌測試，便請一位學生將光源截斷。學生按了一個開關。有一陣子什麼都沒發生，然後整個房間震動起來，機械轟隆聲大作，天花板上的嵌板慢慢關上，遮斷了頭頂天窗的光。所有人都伸長脖頸探看。嵌板仿似007電影的慢鏡頭般移動著，有點威嚇感，幾個學生傻笑起來，似乎突然意會到充斥在教室裡的反諷——他們跑到全球資金最充裕的其中一家高科技學府，卻在學習如何使用嬰兒奶瓶做實驗。

每天靠兩塊美金過活

史密絲的設計實驗室每年都會安排學生上一堂「第一和第三世界差距」的殘酷現實課。連續一星期，同學要在MIT的所在地劍橋市，每天只靠兩美元度日。兩美元正是海地人平均一日收入。有一年，史密絲的助教詹米．朱意拉德（Jamy Drouillard）跟學生一起做這份「功課」。朱意拉德在海地長大，但這並未成為他的優勢，他笑著回憶他犯下的巨大錯誤。「我買了一大堆速食麵，一包熱狗，一堆義大利麵和番茄醬，」他說，「三天後我快要吐了，其實還熬不過三天。我應該交替著、配著吃，而不是買了五盒義大利麵。海地人會想出各種有創意的進食方式，增加膳食的變化。」他說，這功課直指史密絲要說的重點：在低生活水平的地方過活，需要發揮強大的創造力。非洲農婦能夠靠著一小塊地、每年種出足以餵飽一家人的木薯，跟MIT訓練出來的工程師相比，非洲農婦是同樣厲害的創新者！

有一次，在一個學術晚宴的場合，自助餐盤上鋪滿豐盛的食物，其他同行都在大快朵頤，史密絲卻從口袋裡掏出幾片餅乾來小口小口地吃，因為她堅持和學生同甘共苦，完成「兩塊錢過一天」的作業。這事情對她來說並不那麼困難，她兩袖清風，生活愉快，沒有小孩、汽車，甚至沒有退休金。由於不覺得念完博士學位有何意義，於是她甘於在MIT當個小講師——薪水也當然少很多。她的生活很像她的各項發明：優雅簡樸、遠離主流。早在一九八〇年代成為和平部隊的志工之後，年輕的史密絲就決定將一生奉獻於解決基本問題。

當志工期間，她花許多小時在波札那（Botswana）一處偏僻小村落，將高粱打成粉末；跟當地的女人生活在一起，眼看她們每天不停洗洗擦擦、提東西、搬重物，累得筋疲力盡，當地婦女的辛苦勞碌為史密絲提供寶貴的教育，她為這些婦人不得不如此消磨耗損自己的人生而感到憤怒。

史密絲喜歡修理機器、研究收音機。她爸爸在ＭＩＴ教半導體物理，媽媽是數學老師，小時候父母晚餐時談的是畢氏定理。從小到大的教育讓她相信聰明、具獨創性的解決方法具有強大力量。

一九八〇年代某一天，她坐在房間內，凝視著窗外喀拉哈里（Kalahari）沙漠上一叢叢荊棘，突然她生命的未來走向變得再明顯不過了：她應該在ＭＩＴ拿個工程學位，然後奉獻自己，協助改善這個貧瘠之地。原先她計畫同時申請ＭＩＴ和賓州大學，但命運插手來干預。「我家的貓在賓州大學的申請表格上生下小貓，上面全是胎盤痕跡，我覺得沒辦法將這樣子的申請表寄出，於是我就這樣回到ＭＩＴ了，」她告訴我說，「我的一生總是如此運作。」

回到劍橋不久，史密絲著手嘗試解決她在波札那親身經歷過的難題，希望能找到更好的糧食處理方式。那時候，非洲有些村落擁有非常陽春的穀物磨粉機。磨粉機能運作時，可以立刻改善當地婦女的生活。只有一個問題：那機器使用一種鐵絲網將粉末和砂礫篩分開來，但鐵篩經常斷裂，而在迦納或印度或海地的許多偏遠村落，你幾乎不可能找到可替換的鐵網。結果，寶貴的磨粉機往往被晾在一旁，灰塵愈積愈厚。

曾花許多小時蹲在泥土中幫忙打高粱粉的史密絲，當然很清楚磨粉機停擺時村民有多傷心，於是激發她想設計出一部更快捷、更便宜的磨粉機，而且使用的是當地鐵匠有能力打造的零件。她利用磨粉機噴出的氣流將磨好的粉末和穀莢分開，不用再依靠鐵篩網。接著她透過和各非營利組織的關係，在塞內加爾、海地和迦納等國進行生產和測試，得到極大的回響和讚美，最後她成為歷來第一位獲頒聲譽崇隆的「ＭＩＴ勒梅森學生創意獎」的女性。但她把一切歸功於非洲的啟蒙者，特別是她在波札那遇到的眾多農婦，她們教育她關於創造力的真諦。「在非洲，婦女才是負責農耕的人，她們發明各種方法，將植物培養為可食用的糧食。如果你見到一群年紀稍大、用印花大手帕將頭髮綁起來的婦女，要問問題找她們就對了。」

所以，史密絲也教導學生想像花不到幾毛錢、就能幫助數以千計甚至百萬計窮人的方法。只要跟她一陣子，你對於發明創新的理解會開始改變。「非洲有很多天才，只不過媒體不報導而已。」她告訴我，興奮地講述莫哈默德・巴・阿巴（Mohammed Bah Abba）的事蹟。阿巴是奈及利亞的教師，他發明了「罐中罐」系統，只用一個大陶碗、一個小罐子、少許砂子和水，就創造了冰箱——利用蒸發作用而不是電力，讓蔬菜保冷。史密絲的發明品牌在強調創造力的同時，也要求謙遜，因為你的傑作最後看來可能只像一堆石頭或砂子。

走出實驗室的新世代工程師

史密絲的學生大都是未來的工程師，他們似乎能快速吸收她的教誨，會花很多力氣思考如何將技術應用在社會問題上。他們除了問某部機器能否運作外，也思考它會如何影響某村落的經濟或環境。二〇〇三年間，我參觀了其中一位學生的成果展示。他名叫史安．法雷伊（Shawn Frayne），長得高高瘦瘦，一頭黑短髮。當時我們在ＭＩＴ學生中心旁的烤肉區，法雷伊將打火機放到垃圾箱裡加強火力，一股淺藍色煙霧冒出來，往網球場的方向飄去。

接著他拿出製成品——一塊漢堡牛肉餅大小的黑炭，由甘蔗不能吃的部分（換句話說，就是垃圾）做成的。這樣簡單的一個玩意，在海地卻可以解決好幾個問題：當地人可以自行製造可燃炭，而不再需要花錢購買，當地的創業家可能因此得益；此外，這種垃圾炭有助於海地保護瀕危的森林。其實法雷伊已經從ＭＩＴ畢業，但他實在太投入史密絲的課程了，於是留在學校，繼續完成幾項發明。「我在經濟學課堂上學到，如果有人想到好點子，又能將之落實在第三世界國家，他們真的可以戲劇化地改變當地的經濟狀況，」法雷伊告訴我，「我十分驚訝，科技居然可以為整個族群帶來這麼巨大的影響。」

一年後，即二〇〇四年，他再次以黑炭計畫的義工身分回到海地，跑到一個完全沒有電力供應的小農村，當地人為了買煤油照亮家裡而負擔沉重。他開始思索：如何幫這些人弄個電網提供電力？然後有一天，「我抬頭看到一面旗子，在風中東倒西歪，突然靈感來了。」後來他告訴我。他找了條布帶，將它拉緊，觀察布帶隨著風的能量抖動。於是他進一步構想出一種低成本生產電力的新方法，而且可以在發展中國家簡易複製。他的「風帶式發電機」——口袋大小的裝備，製作成本不到五十美元——能點亮ＬＥＤ電燈泡或驅動收音機。這項科技贏得了二〇〇七年《機械普及》（*Popular Mechanics*）雜誌突破獎，一年後他更被《發現》（*Discover*）雜誌選為「40歲以下最佳頭腦」之一。所以，在無電力供應的小村落待過之後，法雷伊思考能源問題的角度是前所未有的，要是他只待在舒服且供電無虞的第一世界實驗室裡，他肯定不會想到這一切。

發明家也需要做田野調查

類似的民族誌田野調查方式——即發明家花時間沉浸在別人的問題裡——也可成為企業獲得突破的關鍵。二〇〇〇年過後，包括葛里芬（Abbie Griffin）、普萊斯（Raymond Price）及佛雅克（Bruce Vojak）等人組成的學術團隊，從惠普（ＨＰ）或寶鹼（Procter & Gamble）之類的大企業中挑選出一些明星級發明家，進行訪談。他們稱這些人為「連續創新家」（Serial Innovator）。被問到他們如何「孵」出這麼多價值百萬美元的點子，這些發明家回答，他們盡量花時間進入顧客的生活中。在好幾個個案中，發明家都花很多時間待在醫院或農場，就近觀察產品使用者，並提出問題，例如他們「為什麼這樣做？」

研究顯示，「連續創新家需要活在問題裡，透過第一手經驗培養自己的感覺，以察覺哪些才是重要的問題。」他們竭盡所能感受他人的痛苦和挫折，為消費者服務，滿足他們的真正需求。「也許有些玩意很聰明、很酷，但如果沒人需要，就不算是甚麼發明了，」法雷伊說，「必須有人關注，才能成為一項發明。」

打造出第一部手提電話的庫珀也呼應這個說法。「『有用』是真正威力強大的字眼，因為負責發明的人必須將心比心，進入使用者的思維，而不是只顧自己的想法。（一個產品）對發明者來說或許有用，或許沒用，但一定要對社會中某一群人有用才行。」他跟我說。

因此，發明家必須超越只顧收集意見回饋的層次；他們也必須能聆聽批評，發現搞錯議題時立刻改變方向，而這需要極大的自制力。但你不能太愛你的點子，而是需要尋求批評聲浪，找到願意澆你冷水的人。要是有人告訴你：「不需要你來多事。」千萬不要把飲料潑到他臉上，你必須問：「為什麼？」這是整個創意過程中最困難、也最傷人自尊的部分。

下一章，我們將看看創意家如何收集意見回饋，並從中學習。

第四章　意見回饋的未來

群眾募資其實是個寶貴的工具，可以為你解讀群眾沒有表達出來的深層渴望。當你把還在草創階段的計畫展示於公眾眼前，可以及早聽到用戶的意見和批評……

一九八〇年代初，迪克．貝蘭傑（Dick Belanger）跟人合夥創辦了「粘黏技術公司」（Adhesive Technologies），製造熱膠槍，但很快就想退出。想到從此一生將要把最有創意的年華花在黏膠上，他就覺得精神崩潰。他朝思暮想的是發明些奇奇怪怪的東西，甚至周末閒暇時把其中一些實際做出來玩一玩。比方說，他曾經將吸塵器的部分零件和美容剪刀組合起來，成為「剪髮機器」；剪頭髮時，剪掉的頭髮會被吸進一個盒子裡。而當他浴室裡的鏡子因水蒸氣變模糊時，貝蘭傑大受啟發，發明了不會起霧的鏡子。還有就是網球打氣器、鋁製的曲棍球棒，和防止汽車機油不足燒壞引擎的預先給油器等等。一九八〇年代，他想出的點子甚多，多到他決定把它們記錄在筆記本中，並命名為《迪克的笨點子之書》；過不了幾年，本子裡已經累積了幾百個條目。

他總希望筆記本裡有甚麼點子，可以把他從熱膠槍的生意中解救出來。「我開始積極尋找能讓我大步前進的點子，」他告訴我，「我很希望能夠跟一家大公司簽約，把專利授權給他們，然後產品賣個不停。」

可是當他翻看本子裡的圖樣或這些年來做過的產品原型時，卻體認到殘酷的現實：他自己都不願將前途全押在任何一個點子上。例如，他為能發熱的鏡子做了個原型，掛在浴室裡，向家人朋友炫耀它的去霧功能。但有多少顧客會為了解決這個小問題，而不怕麻煩地換一面全新的鏡子？儘管他愛極了這個點子，但也知道他不能賭這一把。

今天，發明家可以在網路上進行群眾募資，之後將產品直接賣給顧客；但在當時，獨立發明人如想追逐夢想，通常需要將一生積蓄全押下去。一九八〇年代的貝蘭傑覺得，除了將專利授權給大企業之外別無他法。可是單單準備和大公司談判就很花錢：首先他得聘請律師，做出職業水準的工具模具模型，以供工廠生產之用，接下來還要付錢做行銷，一般共需投資約五萬美金。當然，不保證一定有公司買下他的發明，因此他可能得把家裡所有存款拿來豪賭。

這也是為什麼貝蘭傑不斷往他的《迪克的笨點子之書》加材料，拖時間。他只能將賭注押在一個點子上，這點子必須敲對很多人的需求才行。

要賭一把嗎？

到了一九八〇年代末，貝蘭傑當父親了。「我十分投入，」他指的是和太太分擔帶小孩的重任，「替孩子換尿布難不倒我，但喝東西不斷灑出來，卻把我弄得快瘋了。」和當時大部分的父母一樣，他買給孩子的杯子有個稍微用力摁、就可扣上的蓋子，理論上已足夠應付。可是他兒子布萊恩極喜歡搞破壞，經常將杯子倒過來用力搖。一九八八年有一天，貝蘭傑再次辛苦將灑得到處都是的飲料擦乾淨之後，心想：「我來看看有沒有辦法弄弄這東西，讓它不會漏，讓兒子看看我的厲害。」

他製作熱膠槍的經驗豐富，知道噴嘴的運作原理，於是他從特百惠（Tupperware）產品拆下部分組件，加上一個接口嘴，造出產品原型。他試驗了不同種類的閥門，找到一個組合，小孩吸取飲料時，部分空氣會進入杯子裡，但真空作用卻將其餘的液體困在杯子內，就算將杯子倒過來也一樣。

這一次，貝蘭傑決定採取簡單的做法；他投資在取得專利上，自行找人生產了幾千個吸杯。差不多兩年的時間，他和家人就在自家小屋經營這筆生意，賣杯子給朋友或認識的人。他們甚至純為好玩而設計廣告，讓布萊恩（有時候由他弟弟史提夫代替）盡情表演，示範產品的效果。杯子賣得超好的，在網路群眾募資的時代還沒來臨以前，貝蘭傑就已經找到他的群眾了。他跟一個由父母親組成的社群取得聯繫，找到許多對吸杯興趣高昂的顧客。

貝蘭傑終於大步前進了。一九九〇年代初，他付幾千美元聘請專利律師協助整理文件，進入談判階段。緊張的幾星期過後，貝蘭傑跟倍兒樂（Playtex）簽了合約。他終於賭對了：這宗買賣帶來充足的豐厚利潤，讓家中經濟在未來多年均無後顧之憂。

倍兒樂推出的一藍一紅兩款杯子，很快就無處不在。到迪士尼世界度假時，貝蘭傑家的小孩四周跑來跑去，偷看別人的娃娃車，算算他們看到的吸杯數目，計算「他們」賺了多少錢。

貝蘭傑還保留著一九八〇年代開始寫的筆記本，有時候他會回頭去翻閱，想像原本有哪些產品可能開發成功。事實上，其中好幾個點子後來真的成為商品，只不過是由別人完成。「有些我已忘記的想法三十年後突然出現。」他告訴我。他當然感到一絲遺憾，但也知道要是當年他太勇於嘗試如網球打氣器之類的點子，很可能後來會以後悔作收。筆記本封面上那個「笨」字其實很聰明。這個字讓他在陷入太深之前，跟那些點子稍微保持一點距離。放棄了那麼多好點子真是令人心痛，可是當時他已將可能產生的悔恨和對未來的恐懼比較權衡。萬一他選擇了錯誤的點子呢？要是最後投資血本無歸呢？貝蘭傑成功的祕密就在於他對自己的直覺和群眾發出的訊號都高度敏感。

能感受想像中的痛苦

心理學家蓋瑞・克萊恩（Gary Klein）花了幾十年研究在極端狀況下表現傑出的人，包括從火場逃出生天的消防員，或者是解開巨大謎團的科學家。他發現，技巧最厲害的人有個特點：不停在心裡回想自己犯過的錯誤，甚至那些最微小的錯誤「都令他們感到煩惱和挫折，想知道究竟做錯了甚麼，如何改善當時的做法」，克萊恩告訴我：「專家的心態，是要不斷地改善、精進。」

克萊恩說，如果你要初學者說說他們犯過的錯誤，他們會說：「想不出犯過甚麼錯。」有些人就是對身邊的問題視而不見。另一些人則凌晨三點還睡不著，心裡擔心某部機器裡的螺絲無故鬆脫。

這是為什麼最成功的人總是有辦法從普通人根本不認為是錯誤的事情上學到教訓，只要有些奇怪的風吹草動，他們後頸背立刻寒毛直豎。他們看到雲層的排列、一縷輕煙飄過、別人隨便一句話、一道小裂縫或路上的小坑，都預設會有麻煩出現。

換句話說，從回饋或意見中學習需要一種能力：能夠感受到想像中的痛苦。換個說法，你一定要能夠在心中想像各種場景，為所有可能出錯的事物感到害怕。除此之外，也需要具備一種獨特的敏感度：能聆聽錯誤給我們的教訓，以及別人對我們的指正。

克萊恩設計出一種方法來協助磨練想像力，進而用來作為預測災難的工具，他稱之為「事前驗屍」。他請經理人進行心靈的時光旅行，飛到未來，然後「回顧」現在準備實施的計畫。克萊恩解釋說：「典型的做法是，首先公司團隊聆聽計畫的簡報，接著領導人就啟動事前驗屍的步驟，告訴在場的每個人計畫徹底地失敗了。接下來幾分鐘，大家各自寫下想像得到的任何失敗原因，特別是那些平常不敢指出的潛在問題。」

然後，大家輪流讀出他們想像中計畫可能失控、以致全盤失敗的原因。事前驗屍能「減少『該死的烏鴉嘴』的態度，那些太投入計畫的人經常就會變成這樣。」克萊恩寫道：「這練習也令團隊更能提高警覺，一旦計畫開始落實，及早注意不良徵兆。說到底，要避免痛苦的事後驗屍，事前驗屍可能是最好的辦法。」

如果對某計畫滿腔熱情，你大概聽不見自己內心的疑惑和憂慮，更不會形諸筆墨。一種「我就閉上眼睛跳下去」的衝勁伴隨著創意突破感而來，你最不想做的肯定是老老實實評估結果。這是為什麼事前驗屍是如此有效的一盆冷水。貝蘭傑直覺地使用了這個方法，拒絕了傾全力賭上他的無霧鏡子或剪髮機。他在腦海中已經做過「產品測試」的程序，並感受到虛擬失敗的痛苦。

許多發明的故事中都有一位特立獨行的人，不放棄夢想，不理睬專家的意見，戰勝那些說他是瘋子的人。乍看之下，這位發明家的成功乃是因為他把所有意見回饋封鎖在門外，但當你仔細研究這些個案時，幾乎總會發現，其實他對其他人以及他們的喜好很感興趣，只不過不看重傳統智慧罷了，這位發明家留心的是與別人不同且比一般人所提供的更好的回饋。

將群眾募資當事前驗屍

在群眾募資尚未出現的「舊時代」，想要在最早的設計階段就蒐集到意見回饋，是很困難的事。發明者的原型只能找親朋好友來試用，或依憑自己的直覺，又或者在腦海裡自個兒進行事前驗屍。企業往往等到開發周期的後期方才尋求意見回饋，例如，試著銷售已經製造好的產品。

但在Kickstarter或Indiegogo等群眾募資網站上，所有關於市場研究的說法全翻轉過來了。以前你得付錢給別人，蒐集他們對產品的意見，現在焦點團體反而付錢給你！在群眾募資的世界裡，群眾可以給企畫案綠燈，也可以把它殺掉。如果你在Kickstarter要求五萬美元資金，但支持者只能吐出四萬五千美元，那麼一切喊停，你一毛錢也拿不到。當然，其他網站有不同的規則。但隨著群眾募資而來的，總包括某種程度的事前驗屍。計畫還沒進一步展開，你已經在收集顧客了，而你別無選擇，一定要聽他們的。克萊恩提議的練習——在失敗發生前先想像失敗——並不如以前那麼關鍵，因為你早就有機會失敗了。今天你毋需想像大眾會如何回應你的點子，因為你立刻就會知道。

網路無疑提供了很多方法和策略，讓發明者和使用者得以緊密合作。我們在第一章就看過，雖然推特並不是靠群眾募資網站竄升起來，但吵鬧喧囂的眾多用戶卻是推特的一大助力，因為他們很敢講出自己的需求。類似的「自動救火隊」策略——即用戶敦促企業製造出他們想要的工具——有好幾種方式，但看來群眾募資特別能提高事前驗屍式的警覺心態，因為粉絲回饋的方式已不單是意見而已，還包括資金。

讀出群眾的深層渴望

我們在第三章遇過的發明家法雷伊目前自立門戶，在香港開了一家設計工作坊。我問他如何研究和找出群眾的需求和期望，他用一個字來回答我：「Kickstarter。」他說群眾募資「比3D列印機重要一百倍」，也比其他任何改變製造方式的新工具都重要。近年來，他和同事高度仰賴網路群眾的協助，成功開發出一系列新科技，包括可以製作太陽能電板的列印機。

「群眾募資真是從潛在用戶蒐集意見回饋的驚人好方法，」法雷伊說，「我們的第一個Kickstarter案子想跟群眾募兩萬五千美元，但根本不曉得有沒有人會想要我們的產品，最後卻發現大家對我們的點子熱情十足，結果募到十五萬美元。」

我們一般只將群眾募資視為募資手段，可是法雷伊告訴我，群眾募資其實是個寶貴的工具，可以為你解讀群眾沒有表達出來的深層渴望。的確，當你把還在草創階段的計畫展示於公眾眼前，你反而有機會及早聽到用戶的意見和批評，從中學習，或者乾脆停止注定會失敗的案子，免得賠上多年青春。「從前，想及早取得市場的意見回饋是難以想像地困難，但現在你甚麼時候做好原型，幾乎立刻就可以獲得回應了。某角度來看，Kickstarter好比是一種按市場需求提供的快速原型服務。你將原型丟到群眾中接受考驗，立刻會得到答案。」

法雷伊給我們一個使用Kickstarter的好例子。Looking Glass是他和合夥人最近成立的公司，專注在全像（hologram，譯注：亦稱全息攝影）技術上。Looking Glass一般指的是鏡子之類的東西，但在法雷伊的提案中，指的是像路賽特（Lucite，譯注：一種有機玻璃）的材料，經過處理後，裡頭就好像有一顆心臟、一枝手槍、一隻青蛙、一隻腳或你朋友鮑伯的縮小版。轉動這塊透明玻璃，你可從各個角度觀看鮑伯——比方說他T恤上的小破洞、頭上戴的俏皮帽子上面的流蘇，或眼角魚尾紋等等。十英寸高的鮑伯顯得栩栩如生，但其實只是嵌入一層層塑膠上的影像加總起來的幻覺效果。這技術滿厲害的，法雷伊猜想很多人會想將它用在……某些事物上。但哪些人會渴望獲得藏在塑膠塊裡的幻象呢？Looking Glass有何功用？如何在這商業世界存活下去？

法雷伊和同事決定在Kickstarter上提出三、四個企畫案，介紹Looking Glass技術、募款，以及最重要的，聽聽其他人對產品發展的想法。「我們稱之為『群眾募資微啟動』（Micro-Kickstarting）。」他告訴我，在第一次的微啟動中，他們開始跟幾位資助者展開對話。「有位生物學家想做一個巨型的螃蟹Looking Glass全像，另一個傢伙想在下一屆世界博覽會參展時使用

Looking Glass。兩星期前我還不曉得世界上有這些人呢！所以，進行微啟動後，我們的技術就跟大家的需求對上了。」法雷伊說。這些陌生人讓他注意到他們的需求。

二〇一三年，我採訪了同樣在第三章提到過的另一位年輕發明家貝林斯基。我找到他時，他正在中國深圳一家旅館房間內喝著咖啡，準備參觀一整天的工廠。他和夥伴發展出名為「小鳥」（Birdi）的產品，能嗅出看不見的危險——從有毒化學物品到霧霾到煙——然後傳送報告到你的手機上。大約在我和他談話的九個月前，貝林斯基才想到這樣的點子，現在卻已在洽談生產事宜了。跟一九八〇年代的獨立發明家會碰到的慘況相較，貝林斯基的進展簡直是一日千里。

貝林斯基和他的朋友需要種子資金時，就在群眾募資網站（Indiegogo）上訴諸大眾，大約兩個月後，他們成功募得七萬多美元。

和法雷伊一樣，貝林斯基也發現群眾的意見和他們提供的資金同等重要。「眼看有個社群因為我們的點子而冒出來，推動我們前往各種新方向，真令人興奮。」他說。他舉例說，奧克拉荷馬州有位男生想要一個能提醒他龍捲風來臨的Birdi。「我來自紐約市，所以我從來不怎麼思考龍捲風的事，但奧克拉荷馬的人卻經常擔心龍捲風，這是十分合理的需求，幫助我們思考如何針對各種急難情況提出警告。我們許多關鍵想法，都是來自群眾募資的活動。」

貝林斯基的方法和法雷伊的有點不一樣。他不單想從大眾的回應中，得知誰想要什麼樣的產品，而且更著眼於他們的想法（甚至在創意上的微調）。這是一種全新的合作方式，發明者現在扮演的角色比較像評判或策展人。

二〇一四年，西北大學的研究團隊發表了一篇報告，追蹤在Kickstarter募資失敗的人——即沒拿到設定金額者——之後發生甚麼事。畢竟在群眾募資網站上失敗者比比皆是，Kickstarter網站上有高達百分之五十八的創作者都遭群眾否決。研究人員好奇的是，失敗者有沒有從群眾的意見回饋中學到教訓。他們檢視了一萬六千個Kickstarter案例，訪談了十一位提案人。「看來那些失敗後再捲土重來的發明家，的確從錯誤中學習，將原先失敗的企畫案進行適度修改後，反敗為勝。」研究團隊寫道。重新出發的案子，平均比原先企圖募得的資金還高出約一千四百美元。「我不想表現得太矯情，但在Kickstarter的失敗使我更加堅強。」其中一位受訪者這樣說。

快速便宜的失敗經驗

克里斯・霍卡（Chris Hawker）相信群眾募資之所以特別有用，是因為它容許你快速又便宜地嘗到失敗經驗。霍卡是得獎設計師，曾經獨立發表過新產品，也試過在群眾募資網站上發表產品。他還經營一家名叫「三叉戟設計」（Trident Design）的公司，為想在Kickstarter或Indiegogo網站勇闖天下的發明者提供專業協助。我在二〇一四年採訪他時，他和團隊才剛剛幫助一位客戶重新設計募資案——當時為Kickstarter史上最成功的募資案。客戶的產品是個高科技飲品保冷器，名叫「最冷的保冷器」（Coolest Cooler），這玩意兒吸引了六萬二千六百四十二個支持者，募到了一千三百多萬美元！

儘管獲得如此空前成功，霍卡指出，大部分群眾募資行動均注定要失敗。「要預測甚麼能成功真的很困難，我們每推動八件產品，大約只有一件能賺到錢。」他說。正是這些失敗的案子令他著迷。每當群眾否決一個產品，霍卡就進行一次驗屍分析，找出顧客說不的原因。通常他都從自己開始，搜索枯腸來一場自我對話，然後找客戶和同事檢討討論。他隨口說出一連串會問自己或客戶的問題：「我們期待的結果和實際的差距有多大？為何如此？問題出在產品設計嗎？是執行出問題嗎？還是行銷的問題？或價錢？還是我們的呈現方式不對？到底哪裡做錯了？我們能從中學到甚麼教訓？」

正如他指出，群眾認同某件新產品的原因，往往不太明顯，甚至很神祕，你無法將一切簡化為一、兩條方程式或某個方法。你需要做的，是將問題裡裡外外釐清楚；像顧客般想事情，跟他們的渴望或期望起共鳴。「你必須分清楚哪些是對的意見回饋，哪些是錯的，這是極大的挑戰。」

他說，事實上顧客往往會對設計的許多無形特質有反應。產品必須超越「只是有用」的層次；必須具有一種視覺上的吸引力，挑起我們想擁有的欲望。這是為什麼每每需要進行好幾十次設計版本，極力逼迫產品慢慢改進。當正確的設計版本出現時，他就會感覺到、也看得出來這次終於對了。他稱這種感覺為「眼高潮」。「必須做到大家一看到產品就想『嘩，我也要有這東西。』」

霍卡更進一步指出，要是你只想投群眾之所好或在人氣投票中勝出，你就會舊調重彈——換句話說，弄出沒人要的沉悶產品。的確，許多公司發問卷給顧客、詢問他們有何需求時，就發現這個事實，調查結果經常平淡無奇。當年，福特汽車創辦人亨利．福特（Henry Ford, 1863-1947）就說過：「如果我問顧客想要甚麼，他們會說，給他們一匹快一點的馬。」而雖然大多數人只能想像擁有一匹快馬，但群眾中總有幾個領頭羊或預言家，其實他們就是先驅使用者，他們替你發現了潛藏的問題，而這或許就代表能大賣的產品。困難在於，要找出腦袋裝著寶貴點子的人並不容易。法雷伊就不斷想辦法找出先驅使用者並好好培養他們，以發掘潛藏的市場。

霍卡則喜歡利用群眾募資來觀察消費者反應，而不是尋找先驅使用者。畢竟如果一堆人告訴你，他們很喜歡你的點子，最後卻不願意掏出二十美元來買你的產品，那該怎麼辦呢？想弄清楚消費者的購買意願，最好的方法就是還在產品設計初期，就測試出市場心態。

如果是十五年前，那幾乎是辦不到的事。霍卡的發明生涯大約從一九九〇年代末到二〇〇〇年代初展開。那時候，每當想到好點子，他都要將自己的血汗儲蓄和幾年青春賭下去。他必須將產品發展到可以找工廠大量生產和銷售的階段，可能要花掉幾萬美元。市場測試也很花時間，至少「五年，包括等待和投資，希望能弄清楚」計畫究竟會不會成功，霍卡說。

現在呢，毋須花五年時間，可能只消五個月，就能知道群眾的反應。「說到底，當個發明者，就代表進入未知的世界。」霍卡說，冒險是你的工作。這也是為什麼他那麼相信群眾募資的重要性。點子的贊助者——而不是發明者——承擔了大部分的風險，同時還加快了找出顧客喜好和需求的流程。他又說，群眾募資等於是「我們不需要放棄任何權益，不需要四處跑來跑去尋找金主，也無需貸款。整件事的主導權落在發明者和消費者手中。」

不過他坦承，群眾募資的世界仍然好像尚未開拓的西部牛仔世界，充斥著騙子和能力不足或自以為是發明家的人，拿了錢就跑。募資網站上很多科技好得不像真的，雖然引起一陣熱潮轟動，最後常證明不是真的。那些「可能的發明家」能力不夠，產品做不出來，資金卻全花光了。

當你把整個研發系統向群眾公開，「會一團混亂，」霍卡說，「但那是我們必須付出的代價。這樣一來，產業界才能重新整合，振作圖強。」

本書的第一部專注於討論從需求而產生的創新發明。但其實很多問題毋須在周圍四處找尋，因為大家都知道這些問題。你不需要做市場調查，也知道安全有效的減肥藥或能醫治肺癌的藥鐵定供不應求。又或者如果電池做得又小、又便宜、具有巨大効能，那麼我們就可以發動太陽能革命了。這些問題完全沒躲著我們，而是大剌剌地晃來晃去，不斷嘲諷、困擾和折磨我們。我們無計可施，因為我們還不知如何將鋰元素、玻璃、人體細胞等等東西，琢磨打造成我們想要的模樣，我們一直渴望出現突破，攻破神祕地帶。

在本書的下一部，我們將看看發明家如何因緣際會做出關鍵發現，而開啟了許多新機會。

第二部　偶然的發現

某個聲音、味道或者是奇怪的數據……這些意外發現和驚奇，可能讓人「靈光乍現」地想到它剛巧就是某項難題的答案。我們能夠利用新的工具——比方大數據——提高「靈光乍現」的發生率嗎？

第五章　超級好運的發明家

成功者喜歡東敲西弄，而東敲西弄和創作發明息息相關。然而，這項高產能活動在傳統教育的觀點上，卻得不到太多重視或尊敬……

一九八二年某天，朗尼・約翰遜（Lonnie Johnson）在家裡東敲敲西弄弄。他是美國航太總署（NASA）的工程師，正在研究熱泵，看看能否使用水，而不需用到有汙染疑慮的氟利昂（氟氯烷）。他雕塑了一個用在熱泵的噴嘴，接上浴室水龍頭進行測試，結果噴出來的水流極為強勁，帶著一股強風，打到浴缸發出驚人的啪啦聲響，效果讓約翰遜興奮極了：「我這一生用過很多水管，從未因此聯想到任何玩具。但那個噴嘴——很不一樣。」他告訴我。活像卡通才有的水流效果啟發了他，不斷想著這發現將如何改變小孩子玩水槍的方式。他眼中看到一個熱賣商品。

接下來好幾年，為了讓別人看到這噴嘴的龐大商機，約翰遜製作了一把水槍原型。他提著公事包，在各大玩具展的攤位間走來走去，希望找到願意出錢買點子的人。終於，一家叫 Larami

的公司取得水槍的製造權，並分銷到商店裡。從此，約翰遜的發明品成為了「Super Soaker」牌（譯注：意思為「超級濕透」）玩具水槍，是一九九〇年代最熱賣的玩具之一。

約翰遜的點子來自偶發事件，他原本並沒有要為水槍找到新式噴嘴，相反地，是噴嘴找上他。這樣的過程其實經常發生，甚至尋常到有個專有名詞：「偶然的發明」(accidental invention)。

我們在本書的第一部討論過，能深入了解問題的人，往往也能找到最好的解決方案。而在第二部，我們則要看看完全相反的運作模式。這些發明家一不小心「踩到原本就存在的解決方案」，接著回過頭來思考，這方案可以解決甚麼樣的需求。微波爐、鐵氟龍、魔鬼沾、心律調整器（pacemaker）、安全玻璃、X光——全都是由於某位研究人員誤打誤撞碰到一些不尋常的現象，為之著迷，之後才想到如何讓它大顯神通。一開始，發明家憑直覺曉得遇上重大發現了，但可能還不知道為什麼——直到多年後才恍然大悟。

我訪問約翰遜時，他對那噴嘴的熱情有點把我嚇到，讓我想到那些一見鍾情、墮入情網的人。但其實我也訪談過其他一些發明家，他們面對相同情況時，感受也相仿，他們會說：「我一看到，就知道這一定極為重要。」或類似的話。翻一翻科技年報，你會找到幾百個「某人被神奇的發現電到」的浪漫故事。

誤打誤撞的偶然發現

真的，有些發明只能從隨機發生的偶遇開始——沒有任何定律或理性分析能預測它們的存在。一九六五年，塞爾（Searle）藥廠的化學家正忙於研究醫治潰瘍的藥。一次實驗中，員工詹姆士·石拉特（James Schlatter）在加熱阿斯巴甜（aspartame）的時候，不小心濺了一點點在手上。稍晚，他無意中舔了一下手指，舌頭上傳來一陣濃濃甜味。「原先我想，那天稍早我肯定是碰過一些糖。」石拉特後來寫道。但他終於追查到這神祕甜味來源，就是裝有阿斯巴甜的容器。塞爾藥廠另一位科學家羅伯·馬瑟（Robert H. Mazur）評論說：「阿斯巴甜的甜味性質是無法預測的。」因為它原先的化學成分要不是無味，就是酸的或苦的。換句話說，這個奇蹟只來自恰恰好的巧妙組合——從原料的可怕味道，你絕對猜不到結果是甜的。歷史學家華達·格雷薩（Walter Gratzer）就說，近代化學代糖的出現，乃是源於一連串不小心濺灑外溢和難堪出糗。例如一九七六年間，有個教授要他的學生「test」（測試）一種叫做三氯蔗糖（trichlorosucrose）、後來稱為蔗糖素（sucralose）的化學物品，學生卻將教授的指示錯聽為「taste」（嚐試），於是將之放到舌頭上。

曾在ＭＩＴ物理系任教二十年，近年專注於研究科學史的美籍華裔哲學家歐陽瑩之（Sunny Auyang）說：「在知識疆界的最前沿，一切浩瀚未知，許多現象背後原因處處謎團，而在最具挑戰性和令人振奮的研究領域裡，機遇和偶然愈是扮演更大的角色。」但很自然地，當創造的過程聽起來恍如一場意外時，我們傾向視之為極不尋常的事件，儘管事實上，數以千計的發明均牽涉了某種程度的「偶然」。

二〇〇五年，歐洲學者研究了數千位發明家，其中約有一半的發明家說他們的突破始於意料之外的驚奇或未刻意追求的發現。取得專利者有百分之三十四是在白天從事和發明無關的工作時，注意到某個現象或突然靈光一閃，導致後來的突破。另外百分之十二則回報說，他們的發明是日常研究工作中「意料之外的副產品」。這些數據清楚說明：開放的研究方式，對創意突破是多麼重要。

一九六三年間，杜安．皮雅素（Duane Pearsall）努力構思他稱作「靜電中和器」的機器。他的想法是壓抑或減少工廠和攝影實驗室裡的靜電，因為在這些場所出現靜電很令人困擾，而且可能帶來危險。有一天，某個同事點了根菸，一陣陣菸煙在空氣中飄散著，此時工作室裡的反靜電表指針突然瘋狂轉動。皮雅素意識到，反靜電表一定是被點燃的菸所影響。連續好幾天他都被這個效應迷住了，可是又看不出有甚麼用途。

後來，皮雅素碰到一個在漢威（Honeywell）公司工作的朋友，並且讓他看看這部「能嗅菸煙的機器」。朋友給了他價值連城的建議：「別再弄那些撈什子靜電了，轉做煙霧偵測器吧。」

那時候，每年有數以千計的美國人因家中起火而喪命。雖然市面上買得到煙霧偵測器，但構造十分原始，價格昂貴且不可靠，美國家庭甚少採用。皮雅素突然醒悟：他為當時最重要的難題之一找到了解決方案。

關於防火，皮雅素毫無經驗，對煙霧或警鈴等相關工程技術也所知不多。儘管如此，他還是花了幾年時間造出一個原型，是第一個使用電池和適合美國家庭的低價煙霧偵測器，開啟了數十億美元的工業，每年拯救了幾百條生命。「實際動手展開這趟實驗旅程時，完全沒預想過結果會如此戲劇化地改變世界，但這真的發生了。」他後來寫道。一開始時他只是要解決一個小問題，但能偵測菸煙的小玩意啟發了他，讓他體認到更緊急重大的社會需求。

皮雅素的故事令人想到：一九六〇年代初，起碼有幾十名工程師在努力造出更好的防火警報器，那麼，為什麼一眾專家都揮棒落空，皮雅素卻成功了呢？回頭看會發現，那些工程師大多搞錯了方向：他們相信偵測火警的最好方法是偵測熱。例如發明家約翰・林德堡（John Lindberg）就登記了好幾款熱傳感警報器，每一款都著眼於改善熱傳感技術的諸多缺陷。一九六八年皮雅素發表首部煙霧偵測器時，林德堡還在拚命解決熱傳感警報器的問題。林德堡也是頗有原創能力的機械師，十分關心拯救生命，但他走錯了路——他著迷於研究熱，而忽略了煙。

所以，也許皮雅素的局外人身分反而成為他的優勢；事實上，他對相關問題所知甚少，還得依靠在漢威的朋友建議他「能嗅菸煙的機器」的實際用途。另一方面，皮雅素肯定也具備了某種特質——非比尋常的想像力——因此才會對這警報器如此充滿熱忱，願意奉獻一生來追尋。皮雅素和約翰遜一樣，跟他的發現墮入情網。

「運氣」，算是一種創造力嗎？

一九二〇年代，倫敦經濟學院教授葛蘭姆．瓦拉斯（Graham Wallas）提出一個理論，企圖說明人類在面對創意謎題的思考過程，以及如何獲得突破。他說，整個過程從「準備階段」開始，你認定一個有趣的題目，想解決它，專心解謎。瓦拉斯的重點是，第一階段需要有意識和用力地思考，而你可能覺得腦袋卡住或塞住。再來是「孵化階段」，你停下來抽根雪茄、睡個午覺或去泡泡澡。在休息期間，你的心靈自由奔放，但同時也出現新的連結，然後腦海中靈感突現，彷彿毫不費力。

可是，瓦拉斯的「創意誕生」故事有個問題：他的模型並沒有給「發現」和「偶然」留下多少發揮的空間或扮演的角色。他的理論也許可用來形容某些人的創作方式，卻無法涵蓋所有的情況，我們在本章看到，很多發明家並沒有經歷瓦拉斯說的「準備階段」，事實上，他們碰巧發現解答時，甚至不知道有個待解決的問題呢。真的，從問題出發，有時候反倒阻礙了創造力。

史提夫・何凌傑（Steve Hollinger）是一位連續發明家，他發明的東西從大篇幅印刷系統到浴室的排水設備都有，可說無所不包，但他也花很多時間玩耍。比方有一次，他將一個舊相機從房間的一頭丟到另一頭去，結果因此設計出可以邊飛越空間邊拍攝的拋擲式照相機。「你在黑暗中摸索，突然發現一些意料之外的東西，於是你想，『天呀，太神奇了！』其實你不停在工作，這不是甚麼『啊哈』或頭上燈泡亮起來的時刻，因為你永遠在實驗。你必須願意花點時間嘗試，而且無論發生甚麼事，都以開放心態面對。」

何凌傑是我的老朋友。開始寫這本書時，我問他可不可以觀察他發揮創意的方式，也許連續觀察幾個月，好領略一下他同時處理多個計畫的功夫。

「昨天我做了件怪事。」一個晚上他開車從餐廳送我回家時說。晚餐時我已經拷問他一頓，要他講講他的工作技巧。而當他清空乘客座位上的一大堆筆、好讓我坐進他的車子時，突然聯想到他的簽字筆實驗。

「這些乾掉的簽字筆，」他告訴我說，「丟掉好像很可惜，因為還有墨水在裡頭呀。於是我想：『要是把筆放進微波爐會怎樣？』將筆加熱的話，裡面的墨水會變成蒸氣，蒸氣肯定會擠到筆尖處。於是我將筆丟進微波爐烤三秒鐘，該死的還真的有用。」他愈講愈激動，雙手一揮，放開駕駛盤。他讓簽字筆重生的方法似乎比用舌頭舔的傳統方法有效多了；他真的找到方法，讓乾掉的筆回春，像新的一樣！

「你打算怎樣利用這點子？」

「啥也不做。」他說，一邊穿越車陣，「但找到方法，解決一些煩人的問題，感覺很爽。」

兩星期後，我再度訪談他，問他是否還在用微波爐烤簽字筆。

「噢，那個，」他說，轉過身去，「我不想談。」我很驚訝，單單提起那件事，他就這樣垂頭喪氣。他背對著我，在一堆箱子中弄來弄去。

「求求你啦，」我鍥而不捨，「那些筆怎麼了？」

磨了好久，何凌傑告訴我，他醒悟到微波爐那招不夠好。「筆畫出來的線條很模糊，然後又乾掉了。」

「上次看到你時，你還為了想出這招興奮得很啊。」我說。

「我知道，」他說，「但現在我很不想談它，因為那方法不靈。嘿！看看這個。」他把兩個東西扭緊合起來，那是給獨木舟用的塑膠燈。接著他說，晚上去泛舟的人性命都要仰仗他們的燈，因此他決定設計一個最安全而不容易壞的燈。為了達成使命，過去一年來，他在波士頓灣已經划了很多次獨木舟，測試各公司出產的燈具，找出它們的弱點。

他拿起一根裝了燈泡的桿子，將它安裝到一塊木頭上，用力敲打，直到它啪一聲固定在應有的位置。弄了老半天，他是要讓我看看，就算在急流中，燈具也會牢牢固定在獨木舟上。我突然意識到，何凌傑就像晚上泛舟的人，勇敢追隨著如明亮光束般的熱忱：做決定的時候，他用智慧，也用感情。

當你發現一些讓你驚訝萬分的事物時，你彷彿遭到魔法迷惑，全身起雞皮疙瘩。一扇全新的大門在你面前突然打開，門後濃重、神祕的黑暗向你招手。你的腦筋必須能轉彎且充滿熱情，才看得到在你面前出現的線索。快樂的意外窩藏於想像力的小角落中，你必須看得出噴嘴、小盤子上的霉菌，或邊飛邊拍照的攝影機中潛藏著甚麼樣的可能性。

「大家不停碰到令人困惑的事情，但大多數人都匆匆瞄一眼便算了，繼續忙他們的日常事務。」哲學家歐陽瑩之如是點評。她相信，能慧眼辨識而且能看出重要的發現，本身就是一種技能。「能意外發現珍寶的偶然力，為很多人贏得獎盃！」

偶然遇到，威力無窮

一九九〇年代，英國有位心理學家理查・懷斯曼（Richard Wiseman）開始懷疑，覺得「自己很幸運」的人是不是通常觀察力也特別強——具備眼觀四面、耳聽八方的能力，經常注意到身邊的有用線索。為了測試這個理論，懷斯曼設計了一個十分聰明的實驗。他在報紙上登廣告，尋找自認很幸運或不幸運的人。

他收到幾百封回應。在幸運的一端，一名婦女「偶然」在派對上遇到浪漫的另一半，她認為這全是因為自己運氣好。在運氣光譜的另一端，則是執勤時經常霉運當頭的空中小姐，包括有次飛行中飛機遭到雷擊，她覺得不曉得為什麼、但該次悲劇鐵定是由她「造成」的。

懷斯曼請所有人（無論天生好運的或備受詛咒）到他的實驗室做個小測驗。他發給每個人一份報紙，請他們翻閱每一頁，數一數報上共有幾張照片。其實懷斯曼耍了個小手段，觀察能力強的人就會發現一條捷徑，因為懷斯曼在報紙第二頁藏了一行小字：「不用數了，這份報紙共有四十三張照片。」平均來說，幸運的人比較可能注意到這個訊息，幾秒鐘就給出正確答案。另一方面呢，不幸的人往往錯過提示，平均每人花兩分鐘去數共有幾張照片。

懷斯曼的實驗顯示，我們對於驚喜事件的預期影響我們如何看待周遭世界。而他這結論跟完全不同領域的另一位研究人員的發現，居然不謀而合。

同樣在一九九〇年代，在美國密蘇里大學任教的山達．阿德里茲（Sanda Erdelez）對圖書館科學產生興趣，著手研究人們尋找資訊時碰到的意外快樂事件。她訪談了一百多人，釐清他們工作時如何收集資料。有些人（阿德里茲稱這類人為「超級偶遇者」〔Super-Encounterer〕）回報說他們總是誤打誤撞、遇到許多意料之外的收穫。超級偶遇者預期會碰到意外驚喜，也相信自己有一種特別的感知力，因此經常遇到各種有用的線索。同時，「非超級偶遇者」則狹窄地專注於手頭上的工作，極少脫離日常軌道去研究一下奇怪的事情。

根據阿德里茲的觀察，超級偶遇者找資料找得津津有味；他們喜歡東看西探，許多時候還把別人的問題攬上身研究起來，替朋友、親戚或同事發現很多答案，彷彿他們「有特殊的管道來感知理解資訊，比別人靈敏許多。」她寫道。

近年來，英國的研究人員也深入探討人類到底是如何「偶然」發現事物的。倫敦城市大學的史提芬・馬克列（Stephann Makri）博士專門研究人機互動，他訪談了許多從事創意工作的人，看看他們是否依賴偶然力和沒刻意追求的意外機遇。其中一位受訪者是個攝影家，她自稱「偶遇事件天后」，花很多時間在城裡閒蕩閒晃。「你一定要離開屋子，走到路上，抬頭四處張望，接著事情就會發生在你身上。」她說。一位從事視覺藝術的受訪者則告訴馬克列，他每天都會花點時間站在人行道上，閉上眼睛，聆聽和吸收街道上的音樂。換句話說，馬克列發現：超級偶遇者對於他們不知道的事深感興趣。

馬克列說，和這些創意型受訪者談話時，他自己對於偶遇的觀感也出現大轉彎。「從前我是很不一樣的人，比較僵化沒彈性，只專注於自己的目標。」他說。訪談了這麼多偶遇天王天后以後，他決定擁抱隨機的散步，以及不期然的偶然機遇。

「現在，我會跟任何人閒聊，聊甚麼都沒關係，」他告訴我，「我變得比較願意冒冒險，碰到機會也會試試看，其實我還找時間去探索新機會，沒啥結果也OK。簡單說，我成為『偶然力』的信徒了！」馬克列好像很享受這時刻，很喜歡新的想法，他帶我在城中遊蕩，極高興地和我訪談了好幾小時。

但雖然他被「偶然化」了，他坦承這些怪念頭也有缺點，因為你也許會花很多年探索未知，最後卻沒什麼成果。更直白點說，你很難說服老闆付錢讓你跟陌生人聊天，瞪著雲朵看半天，或盡在一些不知名的街道遊蕩。

當然了，超級偶遇者愛極了閒晃找機會，即使沒人付他錢，還是會這樣做，因為探索本身就是他們的報酬。有新發現固然高興，沒有也自得其樂。弔詭的是，心甘情願停止追逐目標，卻反而可能帶來成功！

幸運的藝術

在正向心理學的世界，米海．契森特米海伊（Mihaly Csikszentmihalyi）是大師級人物，也是研究人類想像力最著名的心理學家之一。一九七〇年代，他和雅各．葛佐爾斯（Jacob Getzels）合作研究創意心靈的內部結構，是十分具開創性的研究。他們追蹤了芝加哥藝術學院的三十一名學生，試圖解開一個謎：這群學生之中，誰將能在競爭激烈的藝術世界中脫穎而出？誰又會失敗？為什麼？

為了找出謎底，契森特米海伊和葛佐爾斯想出一個十分巧妙的方法，企圖窺探學生的內心世界。研究人員在房間內放了一些美術用品，另外還擺了各種物件，包括一頂絲絨帽子、一串葡萄、一個銅管喇叭、一本舊書以及一塊玻璃三稜鏡，學生可從中汲取靈感，作靜物寫生。他們安排每位年輕藝術家單獨進入房間，花點時間檢視並選擇物件後，畫一幅靜物畫。

契森特米海伊和葛佐爾斯為每一位學生記錄時間：多久才選定物件，將物件擺好，坐下來畫畫。這代表研究人員可以精確收集數據：學生花多少時間玩耍、擺弄、思考、描繪，以及執行計畫，完成任務。等契森特米海伊和葛佐爾斯分析數據時，發現學生很明顯分成兩類。有些人抓了幾樣東西，比方帽子和葡萄，就立刻畫起來了。這類學生後來回報說，他們腦袋中只有一種觀念，並且堅守這信念。有個學生說：「一看到那些物件，我就想到和決定最後的構圖了。」相對於先想出很多個想法，他花最多時間在執行一開始就定下來的計畫。

另一類學生則採取完全相反的策略，花很多時間檢視多個物件，比方說，拿起三稜鏡，透過它觀望四周，拍拍帽子，又或者翻翻那本書。最後，當他們開始畫畫時，他們抱持探索的態度，還沒想定最後會呈現出什麼樣子。所以他們會花時間觀察、發現和改進，而不是想到一個點子以後，就確實執行。

一位這類型學生說：「我讓（那幅畫）自己生長……我覺得它是活的，直到完成時都是如此。」

「畫到這個地步，我決定先停下來，但其實我還可以繼續畫下去，把整面牆鋪滿都可以。」另一位學生說。

接著，契森特米海伊和葛佐爾斯請評審挑選出最出色的畫。評審中包括職業藝術家、藝術老師、專業藝術評論家，還有一些行外人。結果評審團傾向給想到一個概念就堅守到底的第一類學生較低的評價。另一方面，評審讚賞那些經過探索、觸摸、實驗及塗鴉後才完成畫作的學生構想。

神奇的是，這一小時的實驗似乎就能預測學生往後人生的走向。實驗結束後七年，那些花最少時間觀察物件的學生在吸引粉絲方面大大失敗，其中甚至有人因為畫賣不出去，而決定乾脆放棄畫畫。同時，許多具備偶然力的學生則能持續以專業藝術家或教師的身分維生。

歸根究柢：成功的學生花更多時間接觸新想法。在那一小時內，他們不斷測試和探索，設想圖畫的各種可能方向。成功者喜歡東敲西弄，而東敲西弄和創作發明息息相關。然而，這項高產能活動卻得不到太多重視或尊敬。

帶著機器臭味的遊樂場

在中古世紀的歐洲，衣衫襤褸的修理匠從一個市鎮流浪到另一市鎮，不時停下來用錫塊敲敲打打，幫助當地人修理鋤頭、乾草叉或刀子。錫的英文是「tin」，於是當時的人慢慢就以不大尊敬的「tinker」來稱呼這些身無分文的愛爾蘭浪人，直到今天這名詞依舊帶有一絲羞辱的味道。《牛津字典》將「tinkering」定義為：「試著修理或改善一些東西，然方法隨便，態度散漫，經常效果不彰。」（譯注：我們意譯為「東敲西弄」。）

也許一般人不懂得欣賞東敲西弄的藝術，正因為這通常代表了很多骯髒工作，例如清理機油或洗擦零件等等。要將事情做對，你必須把手伸進機器的內臟裡，觸摸各部件，聆聽機器的聲音，甚至用舌頭舔舔看，這絕不是白領階級的工作。如果你認真於此道，最後你會全身弄得髒兮兮的、滿是灰塵。這大概是為何東敲西弄會被看成是一種興趣、嗜好，是周末的活動，而非一般人會從事的正當工作。

發明家鐸特．愛葛頓（Doc Edgerton）盡其所能去改變這觀念，讓應用科學和東敲西弄之間的界限變模糊一點。從一九三〇年代開始，愛葛頓在MIT開啟了一個暱稱「閃光小巷」（Strobe Alley）的實驗室。連續幾十年，他搬來一箱箱電線、壞掉的機器、空彈殼，還有一桶桶海水等等。其他人視之為垃圾，他卻拿來玩耍，還故意嘗試犯錯。一九六一年的一天，一個名叫馬迪．克萊恩（Marty Klein）的大學部學生逛到閃光小巷來，愛上了這地方的味道，因為讓他想起下曼哈頓的破爛舊貨店——同樣的連接器、線圈以及燒焦了的電線。在這裡，發明不是窗明几淨，而是帶著機器的臭味。

或者那臭味就是愛葛頓的神祕配方，因為他可是美國二十世紀最驚人的發明家之一。愛葛頓將沒沒無名的閃光技術轉變成為近代生活不可或缺的用品。他使得閃光燈價錢大降、可攜帶，且找到諸多應用方式，從機場跑道到辦公室影印機不等。今天，愛葛頓最有名的事蹟就是他拍的照片，那些影像甚至成為二十世紀的代表符號：一滴牛奶掉到地上反彈起來，幻化成一朵皇冠；從一顆蘋果旁邊掠過的子彈；原子彈剛爆炸、還沒變成蘑菇狀煙雲的瞬間；以及蜂鳥飛行中的剎那。他用閃光技術拍下的影像清楚說明了很多科學現象，幾百萬人一看就明白了。到了研究生涯晚期，他又發明了聲納工具，改革了海洋考古學，再度靠著新影像拍攝方法來探索未知的世界。

愛葛頓是東敲西弄的偉大導師，但他認為每個人都可以培養起這樣的熱忱。他將科技實驗室重新定位，成為遊樂場和垃圾場的跨界產物，所以你可以稱他為「創客空間之父」，他的閃光小巷其實就是今天盛行的「公共工作間」和社區型「自造者空間」（Makerspace）的先驅。愛葛頓口袋裡放著一疊明信片，明信片上用他的著名照片作圖案，印有他的電話號碼，見到每個人都派一張，有時候加上一句邀請到小巷的句子。這些明信片是進入愛葛頓世界的門票。各界人士，無任歡迎。

替《紐約時報》寫專欄時，我採訪過另一位東敲西弄大師史格特．波哈姆（Scott Burnham），他耳朵能聽到有趣的驚人錯誤。一九七〇年代中期，波哈姆替一家製造電吉他弦和其他吉他設備的公司工作。他的正式頭銜是「職業公司之聲」（Pro Co Sound）的「嬉皮技術負責人」。那時候，他經常躲在密西根州卡拉馬蘇（Kalamazoo）一處地下室的工作室裡。有一天，他在焊接零件時，拿錯了電阻——這是他犯的幸運錯誤。電阻接到線路板後，音響器材開始尖叫、呻吟。他聽到一個全新的聲音；這聲音美極了，令人難以忘懷，也很醜陋，卻充滿靈魂。他立刻看出這是個重大發現，於是將這聲音建置在「失真踏板」（distortion pedal）裡；接著他幫這個電吉他部件起了個名字，叫做「老鼠」（Rat）。將老鼠接到吉他上，每個音符都轉化為一陣瘋狂的誇張樂音。到了一九八〇年代，他們公司每年賣出數萬個老鼠。從「超脫」（Nirvana）到「電台司令」（Radiohead）等搖滾樂團都使用老鼠，為無數爆紅流行歌曲增添怒吼效果。

波哈姆靠著聆聽、觸摸、胡搞瞎弄，而發現他的聲音，換句話說，他的手工作業流程必須用手、用耳，也用眼睛工作。東敲西弄是緩慢的，好比「慢食」的慢，你要花很多時間品嚐味道、聲音，和世界對話，靜靜等待，看看會發生甚麼事。

喬治亞理工學院（Georgia Institute of Technology）退休教授南絲．納西石安（Nancy Nersessian）研究創意發明的方法既深入又花功夫，她會連續數年，觀察一些正努力嘗試解開謎題的科學家；她想在「野外」實際捕捉到真實人生中解決問題的時刻。例如，納西石安觀察過一個科學團隊極辛苦地企圖在碟子上打造「腦」——一組可以控制機器人手臂的神經元。科學家「玩」著人體組織、畫圖、寫電腦程式、召開會議、面對失敗時，納西石安都在一旁觀察。

數十年來，納西石安進行過無數次類似的實地觀察，她逐漸相信，創意發明過程中最重要的是有能力「看到腦海中想像的世界」，或者說，能在心靈的眼睛裡將點子形塑出虛擬的原型。經過這種思考練習，許多發明家或科學家就會將原先抽象的想法轉化為有形體的模型，例如筆記本裡的草圖，或是電腦模型。

「所謂『啊哈！我知道了！』的說法真是渲染過度了。」她告訴我。跟問題掙扎的時候，真正的創意和洞見才會在心中湧現，接著再將之轉化為設計，畫在紙上、電腦上，或實際用PVC（PolyVinyl Chloride，聚氯乙烯）、有機玻璃、金屬、活細胞組織等等打造出來。「通常這些模型還是行不通，於是整個流程又要重來一遍，」她解釋說，「讓人驚訝的是，我們每天要面對多少的失敗。事情不停出問題。」出問題時，你必須重新思考你的偏見和假設。她注意到，科學家和周遭的物質世界對話，不停碰到預期之外的結果，為之驚訝，偶爾卻能將一些奇怪現象轉為解決問題的新方案。這就是他們看起來很幸運的由來。

當然了，這種運氣很可能價格昂貴，這是為什麼美國政府每年花幾百幾千億美元來支持基本科學研究，也是為什麼我們應該花更多資源在上面。許多發明上的突破乃是來自真正很新穎的發現，而這些發現往往又源自多年的刻苦實驗或田野調查、現場工作。而且儘管如此，一開始大家也不見得立刻認識到這類突破的重要用途。

一九六四年獲得諾貝爾物理獎的查爾斯・湯斯（Charles H. Townes, 1915-2015）就說過，在一九六〇年代初期，「同事經常取笑我。」取笑他當時在雷射方面的開拓性研究。他們覺得這項發現很愚蠢：誰會需要可以在牆上燒出洞的光束呢？當時，其他物理學家嘲諷雷射是「四處尋找問題的答案」。

但幾十年後，雷射成為太多問題的解決方案了，從眼部矯正手術到電腦晶片製造到光纖。「今天許多具有實際用途的科技，都是源自幾年前、甚至幾十年前完成的基礎科學，」湯斯寫道，「相關研究人員的動力，主要是好奇心，他們自己經常也不大知道會研究出甚麼東西來……一切來自一個簡單的事實：研究過程中發現的新事物真的是前所未有的新。」一種科技的「用處」，或許正好扮演催化劑的角色，讓各種不同的人匯聚在一起，好比聚光燈般照亮新的議題，推動我們想像各種不可能的事物。

這是為何我們要付錢給科學家，請他們研究鳥大便啦、垃圾堆或極地冰層之類的問題；因為最好的方法，是不停地嘗試，然後，突然就湧出一堆新點子。但同時，這樣的隨機研究方法極為花錢，而且風險奇大，以致我們大受打擊，不敢隨便踏進黑暗中尋寶。例如，藥廠開發新藥需耗費二十億美元，龐大成本把很多研究者嚇跑了。

然而現在，要感謝網路上各大資料庫裡的科學數據，我們可以大幅降低某些研發成本。事實上，我們正進入一個全新的年代，聰明的研究生只要擁有一部筆記型電腦，就可以搜尋、利用數據，找到下一個重大發現。這也是為什麼發明家的新血輪正努力穿越龐大如山的資訊，期待從中發現快樂的意外。

第六章　戴著護目鏡看數據

一群新興科學家——生物資訊學專家——重新對偶然力產生興趣。他們希望能加速及「策畫」他們的運氣，方法就是用電腦搜尋過去成千上萬的實驗數據，偵測沒人預期的關連……

醫學史上有個福至心靈、偶然發現的著名故事，和起先被稱為UK-92480的藥有關。最初，這個藥物的設計是幫助心絞痛病人打通血管之用。但研究人員在志願者身上進行測試時，他們發現，呃，一些令人興奮的事情：男性志願者回報說，他們出現驚人的勃起現象。「當時在輝瑞藥廠的我們，對於這個副作用都沒想太多。」負責臨床實驗的發明家依安．奧斯特羅（Ian Osterloh）說。但等結果回來時，「我們決定追蹤這些報告，看看會把我們帶到哪裡去。」結果發明了一砲而紅、名叫「威而鋼」（Viagra）的熱門新藥，而整個發現事件則為「快樂的意外」這名詞帶來全新的意義。

二十世紀許多重要藥物的發現過程都很類似——研究人員原本在尋覓這個、最後卻發現了那個。成功總是難以捉摸得讓人抓狂，也昂貴得可怕；企業可能集中幾百位科學家的力氣在一個目標上，結果一無所得。於是幾十年前大藥廠開始追逐他們稱為「目標搜尋」或「理性設計」的做法。他們不再等待靈光一閃、福至心靈的一刻，而是理性分析，找到新發現，例如首先分辨出可能引起某種疾病的是哪些蛋白，然後嘗試用生物工程的方法，製造可以影響這些蛋白的化合物。

二〇一三年，一群研究人員在《臨床與實驗藥理》（*Clinical & Experimental Pharmacology*）期刊發表了一篇論文，指出近年來精神科新藥的發現速度緩慢，可謂乏善可陳。他們提出一個疑問：為什麼一九五〇、六〇年代的科學家，雖然使用的工具頗為原始，卻能夠發展出讓人眼睛一亮、有助醫治精神障礙的各種新方法？又為了甚麼，從那時起發現的速度快速下跌？「關鍵和重要的是需釐清楚，到底是哪些因素使得藥物發展好像陷入窒息狀態，」他們寫道，「至少有一位聲譽崇隆的專家，將目前的停滯不前歸咎於偶然力的式微。」

這篇論文的作者群辨識出一連串他們稱之為「反偶然力」的因素，認為這些因素可能影響了藥物的發展。他們指出，今天多家藥廠都刻意避開興之所至的嘗試和實驗，而擁抱比較「理性」的研究方式，包括「挑出那些根據基礎研究和理論」看來很有價值的「化合物來進行臨床試驗」。換句話說，你要在草堆裡找一根針，但又不願意仔細搜索整堆草，而只去看你相信埋藏了針的部分。這些作者宣稱，這種鎖定目標的做法可能減少了「快樂的意外」發生的機率。他們又說，在今天忙碌不堪的醫院裡，由於醫師花在觀察和聆聽病人的時間愈來愈少，他們從飽受病魔折磨的人身上學習的機會也減少了。

也許，製藥公司花幾百億美元老想著避開白忙一場的研究計畫，結果真正錯失的卻是意料之外、令人驚喜的發現。就像笑話中在路燈下手腳並用趴在地上找東西那個人——他在黑暗處搞丟了鑰匙，卻決定到光線比較好的地方來找尋。

不過就在這幾年，一群新興科學家——生物資訊學（bioinformatics）專家——重新對偶然力產生興趣。他們希望能加速及「策畫」他們的運氣，方法就是用電腦搜尋過去成千上萬的實驗數據，偵測沒人預期的關連。理論上這做法會幫助他們注意到某些現象，獲得像將UK-92480轉變為威而鋼的寶貴靈感，只不過他們能夠做得更快也更便宜而已。二〇一三年麥肯錫全球研究所（McKinsey Global Institute）的報告估計，由於新方法能巨幅降低藥物的研發成本，因此在美國的醫療保健市場中，資料探勘技巧可能相當於一千億美元的產值——而且是每年的產值！

根據生物技術顧問公司CBT Advisors執行長斯帝夫．迪克曼（Steve Dickman）的說法：「過不了多久，比起大數據在財務預測或選擇最快捷交通路線上的應用，大數據在發現新藥和醫療保健中扮演的角色，將不遑多讓。」

但這方法真的那麼管用嗎？這問題可真比大數據還要大：迫使我們正視人類想像力的本質，思考我們探索未知的真正心態。

埋藏在基因中的謎團

正當我努力尋求這個問題的答案時，偶然聽到一則故事，正充分反映出目前最潮的偶然力，可以如何和老舊偵探手法相輔相成，做出重大突破。故事的主人翁是名為莫里．羅賓遜（Murray Robinson）的藥學家以及他的哥哥凱利（Kelly）。凱利的身體裡藏著一個謎。揭開這個謎的第一個線索來自一位臨床醫師，她對病人的細心觀察加上神準的第六感，一步步將她帶到這個問題上。可是，謎題中較複雜的細節，還是要靠基因定序或數據分析等工具方能解開。這些工具讓研究人員又快又準地探尋未知的世界，而這甚至在十年前仍未能做到。

一九七〇年莫里只有八歲大時，跟哥哥同住一個房間。晚上熄燈以後，兩個小孩仍會小聲談話，回憶白天的不凡經歷。大人說凱利「慢」，因為他有學習障礙，但是莫里覺得哥哥很快、很吵也很好笑。凱利排隊買冰淇淋時會擠到最前面去；手舞足蹈，講好笑的屁笑話。在肅穆安靜的博物館內，凱利會指著一個希臘雕像大喊：「噢，天哪，這女生沒穿衣服耶！」戲院裡黑暗一片，他大叫：「嘿，各位，我們來玩大風吹吧！」然後就是對電子產品的著迷：你得將手電筒和電晶體收音機收好，否則凱利會把它拆開，讓電線和電池散落一地。凱利很古怪，但莫里就是喜歡他的多姿多采。多年以後，莫里才明白，所有的奇怪言行，都是數據點。

快轉到一九九〇年代。此時莫里已經是生技公司安進（Amgen）一個研究團隊的主管，負責研發癌症新藥。「基因體的時代才剛開始。」莫里說，「因此我們抓住這個機會，全力投入。」安進添置了先進的DNA定序儀器，莫里和他的團隊開始收集跟癌症有關的基因。「那時候，大數據開始在生物學嶄露頭角，我們很清楚，必須發明新的方法來解讀和理解這些數據。我花很多時間跟數學家學習，如何將基因數據整理出個道理來。」

數據點之間的關聯，有時可以靜靜藏在那裡幾百年，直到某人找到正確的點，將它們連起來。但線索並不是在我們接觸不到的「遙遠彼端」，而是就在我們身邊，不過我們毫無警覺。一九九八年，莫里正在跟有如暴風雪鋪天蓋地而來的數據拚搏，突然接到媽媽的電話。她剛剛讓凱利做了個新近發現的「史密斯－馬吉利氏症候群」（Smith-Magenis Syndrome，SMS）的檢查。而雖然莫里是基因體定序的專家，直到那一刻，他從未想過凱利的行為可能源自基因突變。

那一天，莫里使用安進的醫療系統搜尋數據庫，追查出每一篇研究史密斯－馬吉利氏症候群的論文。「我讀到一篇論文，那裡列出這個症候群的所有特徵——喜歡社交、有幽默感、咬自己的手、發脾氣，」莫里回憶說，「每一項好像都在形容凱利。再看下去，看到讓我最震驚的事。它說大部分有這種突變狀況的人都對電子產品著迷。我下巴立刻掉了下來。」那些過往時光——他哥哥為了看看電開關或遙控器裡面有甚麼而將它們拆爛——一下全回來了。重新認知哥哥凱利的「性格」，讓他十分掙扎。凱利的熱情、迷戀，甚至他的幽默感，竟然都肇因於基因裡頭的小小錯誤？（凱利的外觀也受到基因影響：眉毛濃密、嘴唇形狀像愛神邱比特的弓，手指粗粗短短的。）

一直以來，莫里覺得他哥哥性格很特別，獨一無二，但結果原來凱利屬於一個散布全球的族群，一個隱形的家族，而且他們全都極為相似。莫里至今仍覺得很驚訝，自己手上有最新式的基因定序機器，卻從未懷疑過，哥哥的稀奇古怪也許可用基因突變來解釋。

史密斯－馬吉利氏症候群的發現過程十分老派，換句話說，經由仔細觀察和絕佳運氣。一九八一年，丹佛市一家醫院裡的遺傳諮詢師安．史密斯（Ann Smith）在檢查一名嬰兒時，注意到小孩的心臟和上唇出現缺陷。幾個月後，她碰到另一名徵狀幾乎完全一樣的嬰兒。循著自己的第六感，史密斯懷疑兩者有關聯，於是分析了兩個小孩的基因物質，發現兩人的第十七號染色體都缺了一些東西。起先史密斯相信自己只不過發現了一個已被發現過的現象，因此她翻找文獻，企圖尋找研究報告來證實自己的觀察。結果發現從來沒有人發表過關於這個基因缺失的論文。

過沒多久，史密斯開始跟基因科學家艾倫．馬吉利氏（Ellen Magenis）合作，尋找和檢驗一出生就帶著罕見的第十七號染色體缺陷的小孩子。到了一九八〇年代末，這個毛病已經有個名字，就是史密斯－馬吉利氏症候群，以紀念兩位證明這個問題的女性。這時候，研究人員已發現了幾十位具有這種基因缺失的人，將他們的共同特徵整理出一個長長的清單。

當初史密斯誤打誤撞遇到這個神祕事件時，她不知道這是個謎，並沒有刻意尋求突破。相反地，好像是那個發現找上她，運氣則扮演了很重要的角色。大約二萬五千人當中，才會有一個人出生時帶著這種基因缺陷，而史密斯極湊巧地在幾個月之間遇到兩個案例。如果兩名小孩年齡差很多，她或者也不會注意到兩人相似之處，這又是另一個巧合。然而，史密斯似乎具有某些特異能力，能見人之所未見。她只不過抓住兩個案例，但把兩點連起來，就看出其中規律。在第五章，我們學到有一種人叫「超級偶遇者」，他們特別會注意到規律和發現新事物。史密斯無疑符合超級偶遇者的資格。她簡直是「直覺的威力＋仔細觀察＋不知疲倦的尋找真相」的活廣告，是個偶然力達人。

二〇〇九年，莫里和凱利抵達維珍尼亞州勒士頓市的凱悅飯店。在這之前，他們從未遇到過任何一個史密斯─馬吉利氏症候群的同路人。可是等他們一走進研討會會場的大門，圍繞著他們的幾十個小孩子──和幾個大人──全都手指粗硬、濃眉、行動蹣跚，皆因為基因裡的小小缺陷。

研討會期間，凱利對圍繞在他腳邊走來走去的史密斯─馬吉利氏小孩興趣不大，而立刻走到會場前方檢查麥克風，檢查電線如何連接，他對小工具的癡迷始終如一。同時，莫里則不停跟其他人握手，研究他們的名片。他十分興奮，因有此機會跟相關科學家討論，看有哪些可能治療他哥哥的方法。這時候，專家已斷定，單單缺了一個基因（RAI1），就會形成大部分史密斯─馬吉利氏症候群的問題。未能斷定的是其他大問題：基因如何運作？它在身體裡都在幹嘛？「我跟醫師、臨床醫師還有遺傳學家都談過了，」莫里說，「叫我震驚的是，想要在分子的層次理解根本原因，連專家都感到無助。於是我想：『我好像可以做點甚麼。』我明白，必須找到方法，弄清楚基因如何運作。」莫里說：「那會是我們這行的下一個重大議題。於是，由於我哥哥的關係，也由於我一直在研究癌症，我決定要建立一些研究工具，好解讀基因的運作。」雖然史密斯─馬吉利氏症候群從一個小缺陷開始，它的效應卻觸及其他基因，將他們或開或關，而引致悲劇。莫里想看看有沒有辦法利用大數據技巧來找出更多。

這種技巧仍然很新穎，還沒有一個正式的名稱。有人稱之為「乾巴巴生物學」，其他人較喜歡「生物資訊學」的說法，還有一些人說這是「矽中生物學」。（譯注：所謂「in silico」〔在矽之中〕的說法意思是「在電腦上進行或透過電腦模擬」）而最後這個說法自有其深意，關係到我們如何投資未來。「每一天，龐大的資訊量（關於基因的、蛋白的、藥物的或疾病的）全都被倒到網路上。換句話說，這是極為大量的新資訊，大部分未經分析，」莫里告訴我說，「所有的資訊都靜靜躺在那裡，開放給任何想分析資料的人。任何人都可以利用這些資訊，做出巨大發現。」

為了研究 RAI1 這個基因，理解它為哥哥身體帶來的浩劫，莫里成立了一個團隊。「我找了一些寫程式的人，將一大堆數據放在北卡的一個伺服器，然後我們就『玩』各種演算法，用數學方式將各基因的關連找出來。」他說。他們在數據中找到一些規律。似乎史密斯－馬吉利氏缺陷會破壞DNA在細胞裡的存放方式，那就可以解釋，為什麼一個基因斷掉，居然會影響從睡眠模式到手指形狀等所有事情了。

他們就這樣在公開的數據庫裡東敲西弄。莫里在數以千計的實驗和研究報告中看到許多可能性，因而十分興奮。跟其他很多科學家一樣，他相信，這種資料探勘的做法可讓我們找到使用藥物的新方法。正確的演算法也許能將某種疾病造成的基因問題和藥物的作用配對，找到對策。「與其在實驗室等待『快樂的意外』出現，你也許可以在數據裡找到它。也許你可以說：『嘿，這種藥試過用來醫治風濕，不太管用，但它好像很適合拿來對付高血壓呢。』」莫里解釋。

這些日子，隨著生物資訊學的蓬勃發展，大家希望能夠用成本更低的方式來「碰」到重大發現。比方，面對如山的數據，只要拿著合適的工具，也許你只消花一個下午，就能夠搜尋並分析幾千個隨機找到的數據了。

莫里也把自己的未來押寶在上面了。二〇一三年，他創立了一家名為Molquant的公司，目標正是要揪出躲藏在大數據裡的真知灼見，將之轉化為藥物以及診斷工具。

刻意製造出來的偶然？

阿圖．布特（Atul Butte）是位生物醫學家兼創業家，且是加州舊金山大學（University of California San Francisco）計算健康科學院（Institute for Computational Health Sciences）的領導人。他更是大數據技巧的狂熱推動者。二〇一四年一個研討會中，布特從口袋中掏出一塊基因晶片（gene chip，又名DNA微陣列〔DNA microarray〕），在觀眾面前揮舞。它看來不怎麼樣——一塊餅乾大小的四方型塑膠而已。不過，他說，這片小東西改變了我們探索未知世界的方式。

舉個例子，研究人員使用這塊晶片的時候，例如研究某種藥物如何影響血壓時，這晶片同時也取得了這藥物如何與DNA內各基因互動的大量數據。二〇〇二年，許多醫學期刊開始要求科學家將這些跟基因表現相關的數據全部上傳到公共數據庫，儘管該篇論文可能只提到這批數據中的一小部分而已。事實上，那些多出來的數據（研究過程中順便收集到的數據）現在數量多到必須用「拍位元組」（petabytes，或千兆位元組）來計量了。（一拍位元組大約是美國國會圖書館內總資訊量的四倍之多。）

這是為什麼有些研究人員，比如布特，全心擁抱這個新策略：他們不迴避未知，而是想辦法快速整理爬梳，在未知中探索，利用合適的演算法，搜尋全球頂尖實驗室累積的龐大實驗數據

——頂尖研究人員做過數以千計的實驗，蒐集下來的數據卻可能從來沒人利用過。

這些數據將會大幅改變我們的能力，讓我們得以替原本熟悉的藥物找到新用途。本章一開頭，我們看到為了心絞痛研發的新藥，結果在治療勃起障礙上出乎意料的有效，但那個發現還需要有個「快樂的意外」來促成。「歷史上，幫舊藥發現新用途通常都牽涉到偶然的機運。」二〇一五年一篇論文寫道。但作者指出，今天我們有可能加速快樂意外的發生率，方法是找出疾病狀態的規律和型態（例如基因表現），將之和藥物的作用相配對。網飛（Netflix）就透過分析用戶偏好，預測哪些人會喜歡某部新電影；臉書也藉由挖掘用戶的人際網絡，研究如何上廣告；現在同樣的數據分析被用在藥物學了。

布特和他的團隊早已開始在這些公開數據庫挖寶，為舊藥找新用途。他們透過演算法，發現鹽酸伊米胺（imipramine，自一九五〇年代即存在的一種抗憂鬱藥物）對於小細胞肺癌可能有醫療功效。於是布特團隊用小鼠來測試這理論。而正如布特所希望的，鹽酸伊米胺的確有助於縮小實驗鼠的癌腫瘤。他們將結果刊登在《癌症發現》期刊中。「我們的研究顯示生物資訊學的威力強大，能極快速地為已獲美國食物藥品管理局（FDA）批准過的藥物重新定位……治療（患有小細胞肺癌的）病人，之前數十年來，都沒有一套有系統、有效的治療方法。」他們寫道。令人印象深刻的是整個流程進行的速度：研究人員從抓出線索到臨床試驗大約只花了兩年。要是必須等待偶然的機遇，可能得等個幾十年，才能將各個點串連起來。

布特告訴我，演算法提醒他其他還有許多可能的機會，包括或許可利用找到的型態，開發出能提早偵測病情的診斷工具：「我們正在檢視胰臟癌、皮膚病變、潰瘍性結腸炎等情況。新近的計畫是早產，或者說研究為什麼嬰兒會過早誕生。我們用的是由『出生缺陷基金會』（March of Dimes）資助的開放資料庫。」透過資料探勘，他的團隊找到幾種蛋白，可作為提醒是否有「先兆子癇」（preeclampsia，又稱妊娠毒血症）的問題。這是產婦及未出生嬰兒可能遇到的一大威脅。由於這些生物標記的發現，他們建立起一套早期檢測系統，在本書出版的二〇一六年，這些檢測方法也許已可供大眾使用。整個過程進展飛快，從資料探勘到產品設計只不過花了兩年左右。

「開放資料跟世界上任何其他物品都很不一樣，它不像石油，不像土地，也不像空氣，更不像水。資料可重新補充，人人都可取而用之。只要你將每個數據組跟不同的東西比較配對，而且問對問題，你就可以找到新發現。」布特這樣告訴我。如果你把「breast cancer」（乳癌）這幾個字打進一些資料庫，你會找到數以千計、來自乳癌腫瘤的基因序列，由於資訊取得是如此容易，任何高中生都可以用這些數據來做研究。布特告訴我，杜克大學有個名為布麗坦妮·文歌（Brittany Wenger）的大學生，她還在念中學的時候，就曾經使用開放數據，描畫出惡性乳癌的分布地圖。在第十六章，我們會遇到另一位青少年，他則是利用網上數據庫發展出胰臟癌的早期偵測方法。

對布特而言，從數據得到的發現實在太多了，他有時會覺得不堪負荷。「我們真的需要多些人來參與。事情太多了，單靠我做不完。」而當然，等到更多人加入尋找新藥後，機緣湊巧的意外發現機率也會相應提高許多。

車庫中崛起的新藥發明家？

我們在前幾章看到，由於今天大家都能接觸到便宜的研發工具，因此愈來愈多人加入產品設計的行列。今天，我們差不多都有管道找到工具（例如3D印表機）來製作原型，但在一九八〇年代，只有一小撮頂尖工程師才有機會接觸到這類工具。這種趨勢，為產品設計這行業帶來一批新的人才和新點子。例如第三章曾經提到的發明家法雷伊，就有能力獨立經營工作室，管控自己的生產流程，同時仰賴背後的群眾支持者。

如果期望同樣的趨勢也會吹到製藥界，那麼，就必須給有興趣的新世代人才提供工具和資金。但直到目前為止，離這種理想狀況還頗為遙遠。製藥界仍是門戶緊閉的團體，侷限於少數研究人員的參與，他們擁有實驗室，能接觸到病理樣本、病人，以及最重要的——龐大資金。加速藥物開發的其中一個方法，就是創造其他人也負擔得起的研發工具，容許成千上萬的人才都能成為製藥業者。

目前我們就是往這方向邁進。

第一個讓我注意到這驚人發展的人是布特：許多研發藥物所需要的設施，皆可透過網路提供服務。正如車庫發明家可以找工廠合作生產，目前，車庫生技發明家也可以聘請實驗室或其他相關服務，來協助證明藥物真的有效。

在傳統的製藥體系，研發人員必須準備幾百萬美元的資金，在附屬的實驗室進行動物試驗。現在則可在網路上找到其他解決管道。你可以透過名為Assay Depot的網站聘請研究人員，替你將設計好的藥物在大鼠、小鼠、生物組織或細胞上進行研究測試。你可以明確指定要用哪一種狀態的小鼠來試驗你的化合物，這些小鼠可能經過基因改造後變得過肥，罹患肺癌、白血病，或處於其他狀態之中。你也可以聘請和Assay Depot有合作關係的實驗室創造出你的「設計師小鼠」，來進行你的試驗。因此，任何人只要拿著信用卡，就能買到實驗的許多步驟，有如一般產品設計師直接跟中國某家工廠下訂單買零件。

布特早已開始使用Assay Depot來測試藥物的功效。只要點幾下滑鼠，用信用卡付費，他就聘請了好幾家聲譽良好實驗室裡的專家，來測試他的候選藥物。布特估計，使用這種方式，一整套測驗的花費（包含他自己的人力）約為七萬五千美元，開發新藥時，從開始到結束的成本則可減到約十五萬美元。這樣的研發成本已降至小公司都負擔得起的範圍，包括布特自己的新創事業NuMedii公司在內。

布特告訴我，連組織樣本也可以在網上購買。「樣本主人（病人）的個人資料已全清除掉，重新包裝好，等待有需要的研究人員。因此尋求樣本來做實驗已不是最困難的一部分，特別是針對比較一般的病症而言，」他說，「其實你可以從網路開始。」

真的，我找到一家名為「先進組織服務」（Advanced Tissue Services）的公司，宣稱可「為你提供細胞、人體組織及生物檢體」。這網站沒有購物車的功能，但承諾「可根據你開列的需求，提供新鮮的組織。」

有些創業家很可能已開始想辦法將這類服務連結整合為生技公司。到時大型製藥公司發現自己將面對一大群小公司的競爭。

「在矽谷，我們已很習慣毛頭小子在家裡車庫或校內宿舍創立令人驚訝、價值奇高的公司，」布特說，「那麼，你為何不能在某個車庫創立下一家基因科技公司（Genentech）呢？」

我提醒他，由於他擁有博士外加醫學學位，且在大學任教，安排人體臨床實驗當然比較容易，從車庫起家的毛頭小子沒有類似的人脈可運用。

「現在還不能，」他回應說，「但未來為何不能呢？」

二〇一四年，曾協助創立 Airbnb 等公司的著名創投育成公司 Y Combinator（簡稱ＹＣ公司）宣布，他們將開始投資製藥公司。

ＹＣ的其中一個創投標的 Transcriptic 打算提供的服務，是讓任何人皆可租用機器人來進行自動化的實驗。「創立Transcriptic時，我們的目標是為生命科學界提供網路業享有的結構性優勢，這樣一來，兩個博士後傢伙只要拿著一部手提電腦，坐在咖啡廳裡，就可以經營製藥公司，而無須花幾百萬美元買儀器或租地方設立實驗室，」創辦人馬克斯・何達克（Max Hodak）在二○一五年一篇部落格文章裡寫道，可是，「要說清楚，我們目前還未走到那地步。」

目前，醫藥研發正面臨開始鬆綁的階段，一如「優步」（Uber）面對各種官司和挫折，可出租實驗室也會面臨類似問題，但看來大勢所趨，某些藥物難以避免地將在手提電腦上產生。事實上，生物創客已開始進入這個行業了。

醫學的金礦

不過，美國克里夫蘭醫療中心（Cleveland Clinic）的血液學兼腫瘤科專家尤根・桑塔拉拉札（Yogen Saunthararajah）仍然對於「有計畫的偶然事件」存疑。過去十多年，他持續進行臨床試驗，試圖尋找更好的血癌療法，且於二○一五年有突破性發現，結果發表在《臨床研究期刊》（*The Journal of Clinical Investigation*）。前文提過的史密斯是個超級偶遇者，桑塔拉拉札和史密斯很像，費盡心力治療病人，聆聽他們談話，全心奉獻於發現的藝術。但他告訴我，他對於從如山的數據中找出規律，接著依靠遠端進行的實驗來決定一切的做法，十分懷疑不信任。

桑塔拉拉札參與血癌病人的生活，事實上參與甚深，對於傳統化療的恐怖副作用也深感痛苦——體力衰竭、掉頭髮、沮喪、嘔吐，甚至死亡。十多年前他就開始疑惑，是否可以使用低劑量、無毒、FDA核准的藥物「地西他濱」（decitabine），輔以還未經FDA批准的「四氫尿苷」（tetrahydrouridine），來代替傳統的化療程序。他希望找到更有效的治療方案，讓病患接受治療時可以不必犧牲生活品質。他的理論是，只要這兩種藥物的分量配合得當，或許可啟動癌細胞內的一組指令，讓癌細胞「長大」為無害的血液細胞，最後死去。這樣一來，藥物幾乎不會影響到健康的細胞，換句話說，不會構成甚麼副作用。

二〇一五年，他和他的同事報告說，已在二十五位血癌病人身上測試過這套方法，接近一半的病人血細胞計數出現進步，表示他們的身體確實開始抗癌。考量到那些病患原已處於末期階段，而且對其他藥物毫無反應，這個結果特別令人興奮。同樣重要的是，病患差不多沒有經歷伴隨化療而來的可怕副作用。

為了取得這些成果，桑塔拉拉札和他的團隊可是花了很多年不斷摸索，仔細反覆測試、檢驗他們的理論。他強調，藥物研發需要同時深入研究病人和科學。捷徑極少行得通。「套一句被引用到爛、但極為正確的話，相關性不等於因果關係。如果我們真的想征服疾病，取得進展，就需要在分子層次充分理解一連串的因果關係，」他說，「機器人無法揭示其間的機制，這些真理，需要如藝術般的技巧，需要愛，還需要大量經費以及多年的努力。運用人類的聰明才智和熱忱努力不懈地解決問題，不會成為新聞，但這才是做事情的王道。」

可是，我們必須在人類和機器人之中擇一嗎？理想的方案應該是同時動用兩種新治療方法。目前，許多有天分的研究人員正致力於找尋聰明的方法，結合巧妙設計下的偶然力和傳統的直覺力，加速突破的誕生。

畢竟，那些花四十億美元的藥物已彷彿是上個世代的老古董了，就像那些百萬美元電腦或兩千美元的手提計算機。無疑地，網際網路在移除障礙，讓行外人拿到工具，得以挑戰權威。已經發生的是，新創公司或獨立發明家開始進入藥物研發的領域，試驗新方法。千萬別忘記，那以「拍」來計算的位元組，簡直是還未被探勘的新大陸，可能藏著醫治疾病的線索。「那些數據是被冰封的知識，需要某人用熱力將它溶化，讓知識破冰而出。」布特告訴我。冰封的數據王國也許就是醫學的金礦。

一路走來，科學家繼續發展新科技，讓我們搜尋數據庫，也搜尋我們的周遭環境，找尋救命藥物。例如，基因定序的工具有助於找出池中藻類、泥土甚至人體腸子裡潛藏著的寶藏；又或者是幾十年前還不為人知的微生物，其實是藥物的來源。換句話說，曾經看來不值一提的，原來包含著巨大的價值。在下一章，我們會跳到神奇的垃圾箱，看看為什麼發明家認為，看似無用的廢物竟是那麼充滿啟發性和靈感。

第七章　MIT第20號大樓

在創意發明的世界中，有些最偉大的發現也帶著點賽恩菲爾德式的弔詭：在大部分人認為「微不足道」的範疇，卻潛藏著極為巨大的價值……

一九八〇年代某天，傑里・賽恩菲爾德（Jerry Seinfeld）和他的朋友拉里・大衛（Larry David）結伴在一家韓國熟食店裡閒晃，把架上小食和點心翻來弄去，突然領悟到這情景——隨便某天某個喜劇演員平淡無奇的某時某刻——也可以成為電視影集的素材。他們寫了個企畫案送到NBC（National Broadcasting Company，美國國家廣播公司）。「影集背後的概念就是：沒有概念。」賽恩菲爾德後來說。NBC高層對此滿是疑惑，毫無把握，於是將《歡樂單身派對》（The Seinfeld Chronicles，後來英文劇名改為Seinfeld）塞到最不熱門的暑期檔角落，讓它自生自滅。

但它並沒死去。到了一九九二年，《歡樂單身派對》已贏得艾美獎，後來還成為有史以來最受歡迎的頂級影集之一。《歡樂單身派對》因「這是個甚麼都不是的秀」而知名，這句話其實來自劇中角色喬治・科斯坦沙（George Costanza）某場戲的一句對白。確實，《歡樂單身派對》深深挖進人性的虛無，劇中人物是住在紐約上西城的脫口秀笑匠和他的幾個朋友，題材則專注在人生從這一刻到下一刻的移轉，從中發掘出全新的笑話寶藏。有一次，劇中人物站在一家中國餐館門前等位子，邊等邊為瑣碎事情爭論不休，而那就是這一集的全部情節！

在創意發明的世界中，有些最偉大的發現也帶著點賽恩菲爾德式的弔詭：在大部分人認為「微不足道」的範疇，卻潛藏著極為巨大的價值。想想盤尼西林吧，它來自一碟發了霉的東西，當時佛萊明大可將它倒掉。可是，重要的點子卻很頑皮地躲在垃圾中。之所以會這樣，大概是因為當我們將一些東西標籤為「廢物」或「沒用的東西」或「免費」時，我們就停止思考和注意它。必須要有很特別的想像力，才能看到其他人看不到的價值。

一張紙創造大財富

時間為一九六〇年代初，勞倫斯・赫伯特（Lawrence Herbert）如常開著海軍藍色的凱迪拉克去上班。他很喜歡這部車子，包括車內櫻桃紅的座椅顏色，更喜歡駕著車駛過鋪上苔蘚綠的赫德遜河。但在這一天，他覺得憤怒極了：一件原應簡單不過的工作卻毀了他整個星期的好心情。赫伯特是彩通（Pantone）印刷公司的老闆之一，而他之所以氣呼呼的，是因為當他下訂單買墨水時，經常無法預料買到的顏色是否準確。

我採訪他的時候，他已搬到佛羅里達州的棕櫚灘居住了。那時候，「每個設計師的抽屜裡都放了半打色彩樣書，每家墨水公司則使用不同系統的顏料，在不同燈光之下效果完全不同。」他告訴我。由於顏色系統混亂，他經常需要自行動手調配顏料。他十分困惑：為什麼大家不能使用同一套顏色？

從這個問題出發，他開始想像一個不一樣的世界：讓印刷廠、生產顏料的人和廣告設計師說同一種語言。他想到，每一種粉紅或紫色其實都可以用一組數字來代表。在這套制度之下，「如果紐約有人想請東京的人幫他印東西，他只需要打開色彩樣本書說：『給我彩通１２３號。』」他說，那麼你就可以確定全世界講的１２３都是同樣的顏色了（１２３代表了水仙花黃）。一個簡單的想法，就此改變了整個印刷工業。

赫伯特動手製作了一頁印滿深淺不一橘色方格子的樣張，以說明整個系統的概念，寄去給各家墨水製造商。五十年後，他還保留著其中一份樣張。

讓彩通的色彩系統成為業界標準絕非易事，赫伯特需要像政客那樣使些小手段，跟墨水製造商和美術設計師閒聊、交換好處、拉關係。最後，他刊登了一則廣告，宣布「彩通配色系統」（Pantone Matching System）將於一九六三年正式啟用。而由於這系統比之前的混亂方式有道理太多了，赫伯特的方法的確很快就成為顏色的共通語言。

到了一九七〇年代，彩通每年從這套取得專利的配色系統收到的許可費，已經超過百萬美元。彩通也是最早使用「數據探勘」的方法來預測趨勢的公司之一。一旦色彩轉化為數字，追蹤市場的需求狀況就變得容易多了。赫伯特告訴我：「我們的顧問組織了一個委員會，負責找出例如說，『米蘭最近流行甚麼顏色？在巴黎又會看到甚麼顏色？』有一年，似乎一堆設計師都決定咖啡色是個好顏色。」於是公司不停添加顏色種類，以反映顧客的新品味。

隨著彩通系統逐漸普及，從廣告界到紡織品到食品科學界，都出現一些意想不到的用途，例如彩通就替生產冰淇淋起家的班傑利公司（Ben & Jerry's）設定過布朗尼蛋糕的顏色。「我試過替葡萄酒配上色卡，」赫伯特說，「我也曾幫貧血症的血液樣本，還有核桃、草莓，甚至金魚配色卡。」

彩通配色系統每年持續為公司帶來幾百萬美元收益，深深影響了設計師的思維。據說名服裝設計師卡爾文．克萊恩（Calvin Klein）就將一張彩通色卡放在廚房裡，讓廚師知道他想喝甚麼顏色的咖啡。赫伯特的發明最讓人驚訝的大概是：小小的發明居然創造出那麼多的事物！而這項發明的原始資料，總共就只有那麼一頁樣張。

赫伯特做到的是，看出隱藏在看似空虛無用中的巨大價值。那時候，色彩樣本書是免費的，墨水公司把書寄給客戶，然後大家就將它丟到印刷機器旁的角落。因此，赫伯特想像的可能情境在當時看似十分瘋狂，也就是說，他要大家花錢、花很多錢去購買「色彩的語言」。為了這項發明，他必須能夠「跳脫當前對世界的看法」，必須看出：平淡無奇的日常狀態、看似沉悶的瑣事中，其實蘊含了孕育帝國的種子。

赫伯特的故事給我們的教訓是：想改變世界，你可以從小事開始，現在就從你桌上的任何小東西開始著手。

一天早晨，腦科學家阿麗絲・法拉赫提（Alice Flaherty）拿起牙刷，盯著它發呆。「我每天都刷牙。」這想法如閃電般打在她心頭上，彷彿上天的啟示。阿麗絲是我多年老友，專長是醫治神經系統出毛病的病人，可是目前她所經歷的，正是折磨她的病患多年的同樣症狀。即使是最平常不過的時刻，例如將牙膏擠到牙刷上的動作，都可能讓她的想像力如野火燎原般一發不可收拾，認為自己做出了重大發現，驅使她將這些「啟示」記錄下來，寫成厚厚一疊。

一場悲劇令阿麗絲暫時陷入精神不正常的狀態中；她的一對雙胞胎兒子早產且不幸過世了。她極度悲傷，開始在所有的空白紙張、便利貼和牆壁上寫滿了字，連續多天不睡覺，討厭語言，這種情況叫做「強迫書寫症」（hypergraphia）。後來，阿麗絲恢復過來，幾年後她又生下一對雙胞胎女兒。而雖然這次懷孕過程順遂愉快，小孩也很健康，但還是引發了另一場心理毛病。阿麗絲告訴我，她當時的痛苦是「過度解讀事物的意義」。她看到太多的機會和可能性了，而且為此而興奮異常，以致無法正常生活。

她目前已經痊癒，在麻州綜合醫院擔任腦部刺激中心主任，但她形容自己仍因熱情衝動和天外飛來的啟示而不專心。你只需隨便提個話題，從機車頭盔到臭蟲都行，她就會失控，提出各種包括文化差異啦等等觀察；問各種問題；更會旁徵博引，從作曲家蕭士塔高維契（Shostakovich）扯到小說家丹尼爾・史蒂爾（Danielle Steel）。她身材瘦削，鼻樑上架著優雅眼鏡，目光灼熱地看著你，給你很多讚美，最後彷彿她一切的想法都源自於你。

她辦公室裡有一個木盒子，裡頭放了一塊腦切片，是別的醫生丟棄後被她從垃圾堆裡撈回來的。抽屜內則塞滿各式各樣稀奇古怪的東西，讓我聯想起十七世紀貴族的私人博物館，他們研究大自然的方法就是透過收集類似的奇怪物件。她的收藏品包括一條長嘴硬鱗魚標本、一個在森林中找到的鱷龜骨架，以及網購回來、上教堂做禮拜時用的「低碳水化合物」聖餐餅。談到病人時她也興致盎然，彷彿病人也是怪奇收藏品的一部分。她一發不可收拾地敘述各個病史：「全身發癢的傢伙」、「前科犯」，以及「不小心變成強迫性賭徒的病人」等等。

二〇一四年，阿麗絲醉心於自己的發明，她借用朋友的車床車好了幾片金屬部件，找了個單車輪子，外加一個腳踏泵，然後在自家廚房中將它們組合起來。「我突然覺得需要一台能將毛衣解體的機器。你可以在慈善機構花四塊九毛九美金買到一件喀什米爾毛衣，然後用我的機器將它解開，拿回值一百美元的羊毛線。」她說。她在朋友的工作室裡，花了很多小時埋頭打造「腳踏式毛線回收機」。「為了某個原因，我為之癡迷。我腦袋裡有個地方卡住了，完全被這個『能將便宜毛衣轉為高價毛線商品』的想法迷惑住。」她覺得太神奇了，簡直像格林童話中的侏儒怪般，能將稻草編織成黃金。

身為心理學研究人員，阿麗絲喜歡研究讓我們腦袋「卡住」、但最後帶來創意突破的小毛病，尤其迷上了那些看似瘋狂幻覺的出色發明。「產生一堆新奇但沒用的想法或行動……正是這瘋狂概念的一部分。」她在一篇科學論文中寫道。她指出：「沒用」通常是區分精神健全和不健全的因素。如果你花了很多年研究一部完全賣不出去的古怪機器，你可能會被歸類為神經病、怪人，或頂多是個失敗的民間藝術家。但要是你月入幾百萬，你就會被歌頌為大發明家了。

阿麗絲很喜歡講切斯特·卡爾遜（Chester Carlson）的故事。卡爾遜發展出來的科技，造就了如今無所不在的影印機，但他險些就被貼上幻想狂的標籤。一九三〇年代間，他在一家電子公司的專利部門工作，而「我經常需要某些專利規格和圖片的複本，當時可沒有甚麼快速方便的方法。」卡爾遜後來寫道。但他獲得的啟發讓他的同行快瘋掉了：卡爾遜深信，數以千計的員工將會被一部機器所替代，而且實際上，有一筆巨大財富潛藏在美國各地的祕書辦公區中。卡爾遜設計並造出了一部影印機，接著花多年時間跟別人兜售他的機器。「要說服任何人那又小又模糊的複本，居然是龐大新工業的關鍵，是多麼困難啊。一年年過去，一點進展都沒有……我非常灰心，好幾次決定放棄算了。但每一次又回過頭來繼續嘗試。我全心全意地相信，這項發明太有希望了，不可能永遠被埋沒。」他寫道。當然，他的發明終於開啟了全錄（Xerox）的龐大帝國。

然而要是在稍稍不同的世界裡，卡爾遜有可能仍是個想入非非的瘋子，守著一無是處的機器。這又要回到阿麗絲有關重大發明本質的洞見：要求我們擁抱稍稍不一樣的神智清明狀態，讓新科技變得理所當然的合理。無中生有的發明可能是最難普及的，因為你必須說服數以千計、甚至數以百萬計的陌生人：請他們重新定義「無用」，而且看到過去不存在的價值。

同時，這種無中生有的衝勁，正是許多韌性十足、懂得靈活應變的產業背後的支撐力量，這些產業在經濟災難發生的時候，往往都還能業務鼎盛。

人人都是馬蓋先

大約在一九九〇年代末到二〇〇〇年代初，兩位學術研究人員──泰迪．貝克（Ted Bakeer）以及李得．納爾遜（Reed E. Nelson）──決定研究一個謎題。他們注意到，當地一些公司在景氣轉差的時候，好像特別有能力撐過去。為什麼會這樣？

為了找出答案，貝克和納爾遜在伊利諾州南部的煤礦區進行了一項田野調查。這些區域的失業問題嚴重，但他們在死寂的街道上，在一堆倒閉的商店中，發現幾十個魔術師般的人物，他們敲敲打打，回收廢棄物和發明東西。這些創業家以不尋常的聰明才智，不斷找到新方法，將許多毫無價值的東西，例如垃圾、各式零件、被污染的土地，甚至從溝渠人孔蓋冒出來的氣體，轉為其他人需要的東西。

舉例來說，天姆．革里遜（Tim Grayson）的農地遭到嚴重污染，從老舊煤礦的隧道中漏出的甲烷，讓他根本無法種東西。其他農夫可能認為這是個問題，可是革里遜將它變成有用的方案。他找了幫手，鑽進煤礦管線中，將甲烷引導到經過改裝、以甲烷為燃料的發電機上。這是個極危險的工作，革里遜遇到過好幾次小型爆炸，僥倖逃過，但他得到的是免費電力和暖氣，而且藉此蓋了一座溫室，在裡頭種植水耕式番茄，後來還加了一個魚池。

研究人員特別指出，革里遜的成功來自他重新定義事物的能力，將其他人認為是危險的討厭東西變成有用資源，老舊隧道也成為他的私人發電廠。

那邊廂，另一位修理工詹姆．羅斯科（Jim Roscoe）找到利用老舊煤礦的獨家方法。他發現，當地的發電廠技術人員三不五時就要跑來檢查地底下星羅棋布的高壓電纜。於是他和朋友得到靈感，發明了一個可以檢查地下電纜的工具，還賣了好幾部給發電廠。同時，他繼續應用他的技能，幫人修水管、修電視、貼石膏板、做木工，也玩樂器。

研究人員也觀察了一家摩托車修理店的老闆吉姆．扎瓦斯（Jim Jarvis）。每天修理店打烊前幾小時，他的店就化身為非正式的社區中心兼酒吧。許多人帶著啤酒來聊天、弄弄摩托車，或者交換車子零件。有些顧客甚至拿起扳手，幫忙店裡的修理工作。研究人員注意到的是，像扎瓦斯這類人物有種本領，能創造出一個生態環境，被某人視為垃圾的零件變成別人摩托車的一部分，而顧客也成為合作夥伴。

換句話說，這份研究中的幾十家商家深具韌力，乃是因為他們有獨特生存本領，靠著一般人認為是無用，或原先並不為人知曉的資源（如廢棄煤礦的甲烷），或借用顧客和朋友的才能，而生存下來。不少人店裡留了一堆「破銅爛鐵」，碰到問題時就在這零件堆中翻翻找找，寧願自己發明新方法，也不要花錢跟供應商購買現成的配件。大部分的人也不單只做一、兩樣業務，結果形成不斷發現的過程。他們是這片工業廢墟的獵人兼蒐集者，在垃圾場和人孔蓋裡尋找新機會。

當你的實驗完全不用經費，而且跟垃圾有關，那麼你就渾身是膽，絲毫不害怕冒險了。這就是我們從著名的「第二十號大樓」學到的一堂課。

第二十號大樓的發明學

一九九一年，堤姆．安德森（Tim Anderson）逛到ＭＩＴ的校區，發現他夢想中的垃圾堆。在一棟建築的走廊裡，他看到一部肯定花了很多錢買回來的示波器（oscilloscope），可是現在上面貼了張紙，寫著「免費，請搬走」。安德森是科技垃圾的行家，但從沒看過這樣好康的事情。他繼續在ＭＩＴ裡周圍尋尋覓覓，還真的發現更多寶貝：一部老舊電傳打字機、被廢棄的機器人，和一堆銅線。於是他搬到ＭＩＴ裡占地為王，專門在垃圾堆裡尋寶，就這樣過了很多年。

一九九〇年代中期我見到他時，是在MIT的傳奇建築物第二十號大樓。安德森窩在一個機器人下方，睡在一條毛毯上。我想在我們圈子裡，沒有人——尤其是安德森自己——猜想得到，他進行的各個怪誕計畫中，有個計畫居然掀起萬丈波瀾，引發出百億美元的產業。他頭上一撮金髮，加上一年四季都踩著涼鞋，絕對讓人以為他是個想去衝浪、卻找不到海灘的人。其實他從沒當過MIT的學生。相反地，他在日本學過鑄劍，自己縫製潛水衣，也在家畜用具店工作過，修理戴在母牛乳房上的器具。安德森在履歷表上將這一項列為「牛用胸罩維修」。他說，這些經歷讓他樂於當個無業遊民。

於是他誤打誤撞走到第二十號大樓。這是MIT的非官方垃圾場兼臭鼬工場（skunkworks，譯注：指使用非常規、極少的管理來快速發展某計畫的工作方式），是二次世界大戰期間蓋起來的臨時建築，放射線實驗室就曾經設在裡頭，但第二十號大樓預定要被拆掉了（它終於在一九九八年被拆掉），沒有人會介意你在裡頭做甚麼。你可以任意敲破牆角，踩著滑板下樓梯，或帶著你的睡袋住進其中一個空房間裡。

「其中一個房間簡直是無政府主義者的天堂，你可以隨時跑來，東敲西弄，」安德森說：「裡面塞滿了破銅爛鐵，東西多到房門都無法全開，你要側著身子想辦法擠進去。」正式說來，這個破爛集中地隸屬於一個名為MITERS的學生團體。非正式來說呢，這是安德森的家。

第二十號大樓在二十世紀曾經是頗為活躍的創意發明中心，極盛時期曾經是許多微波科技、電子學、神經生物學，甚至語言學的研究重鎮。著名的語言學家諾姆・杭士基（Noam Chomsky）就曾經在這裡工作。這裡至少培育過九位諾貝爾得獎人。你也可以說，有個創意發明的新觀念就誕生於此——也就是「每個人都應該能接觸到公共研發實驗室資源」的觀念。

那麼，為什麼MIT最邋遢的建築居然會變身為學校最有創意的搖籃之一？問題的答案，正好告訴我們創意的一些重要本質。

一九九二年的一天，安德森如常在MIT校區內翻翻找找，在三十五號大樓後面，他跳進一個大型垃圾箱裡。等他爬上來透透氣時，遇到了在附近實驗室工作的弗萊德・柯特（Fred Cote）。柯特提議帶他進三十五號大樓參觀一下。在那裡，安德森首次看到一種他從未見過的新科技。

安德森從未聽說過3D列印。那時候，即在一九九二年，全球總共只有不到五百部3D印表機，每部價格可高達五十萬美元，而且只能使用某種塑膠印製出某種型態的物件。三十五號大樓的研究人員想將3D列印技術大事改革，讓3D印表機更「多才多藝」；而他們需要一個電機工程師。

安德森根本連工作都不想找。但當三十五號大樓的人看到他用破銅爛鐵造出來的機器人，便設法說服他來參與他們的計畫，並帶他去見實驗室的大頭目依里・薩克斯（Ely Sachs）。沒多久，雖然缺乏足夠學歷，安德森就在薩克斯的機器裡鑽來爬去，明白自己不小心碰到了生平最具挑戰性、也最迷人的題目——全球各大研發實驗室裡的頂級工程師和科學家都被卡住的難題。

當時薩克斯嘗試讓粉狀顆粒聚在一起，形塑成想要的物件形狀。他努力想讓這技術臻於完美，因為很明顯將可帶來無數的可能性和新機會。「例如，你怎樣才能將一個圖案刻在實心的球體內？那時候還辦不到，用甚麼機器都辦不到。」安德森解釋說。他們的目標，是讓大家可以用新式材料（例如陶瓷）列印出各種新形狀。

但薩克斯構思的這種精確式3D印表機，做起來是無法想像地困難。「我們將這些液體小滴小滴地噴灑到兩片帶高壓電的金屬板之間。接下來三年，我基本上生活在那部大機器裡面，焊接一大堆電子零件，」安德森說，「這是個全新的做法，之前沒人做過。」那時候，有一組人專門負責呵護著這部嬌貴到離譜的機器，讓它不要停止運作。

期間，安德森和他在實驗室認識的朋友——名叫吉姆．白列特（Jim Bredt）的研究生——決定在二十號大樓的破銅爛鐵堆中另起爐灶，進行自己的實驗。「我們嘗試在薩克斯的實驗室打造的，是一部能列印出超級高品質物件的機器。」安德森說，因為企業需要3D印表機來加速引擎和太空零件的生產。「可是白列特和我都很好奇，如果不必擔心完不完美的問題，那麼會怎樣呢？我們想弄一部好玩的機器。」

更準確地說，他們肖想的是弄一部「派對表演用」的3D印表機，好讓其他朋友佩服吃驚。

比方說，要是他們能夠印出某個朋友的頭部縮小版——打造一部「人頭縮小機器」，那不是很酷嗎？

安德森想到，他可以將噴墨印表機的某些零件用在他們的搞笑機器上。相對於重新發展新科技，他們將舊科技用在全新、非傳統的方向上。「就我而言，這點子帶來的是萬事皆可能的感覺，」安德森回憶說，「而我們就這樣建造了『貓砂機』（Kitty Litter Machine）。」

利用舊印表機的「內臟」，這部機器將白膠打到貓砂上，讓那些綠色顆粒融合成想要的物件。「我們掃描了我當時的女朋友的臉，試著用貓砂列印出她的頭部，」安德森告訴我，「我們想將它弄成人臉的樣子，可是最後它卻像一坨大便。」白列特說，他們的３Ｄ列印實驗「失敗得頗為慘淡」。

一九九四年冬天，白列特開始進行「糖果機」計畫。他先將一部惠普（ＨＰ）噴墨印表機開膛破肚，花了很多小時研究如何騙倒機器裡頭的電腦晶片。原本的設計是，當列印紙用完時，晶片的程式會下令噴墨功能暫時停止。接著，白列特和安德森思考哪些材料最適合用來列印物件。他們在賣健康食品的超級市場展開研究，蒐羅所有粉末狀的食物，希望它們能乖乖凝聚在一起，形塑出三維形狀。後來，安德森透過列印頭將水噴射到糖堆上，一層糖剛乾了，他立刻在同一位置再噴一次，接著再一次，再一次。慢慢地，從薄薄的一層逐漸堆高，成為小小的塔台，最後堆砌起三個英文字母：３Ｄ的「ＭＩＴ」。安德森很愛指出，「ＭＩＴ」也是他的名字「ＴＩＭ」

（堤姆）的反寫。「我拿起一把美工刀，將幾個字母從紙板上刮下來。我看著這幾個小東西，心想：『噢，嘩，難以置信！』」安德森說。

幾天後，安德森和白列特又發現，「纖而樂」（Sweet'N Low）牌代糖的3D列印效果比一般砂糖要好很多。「我們在各餐廳巡來巡去，從餐桌上偷取纖而樂代糖包，回來就把粉紅色包裝拆開，把糖倒出來。我們絕對不想有任何有毒物質殘留在印表機內。結果，纖而樂還真的能聚合得很好，形狀十分精確。」安德森說。

許多財星五百大（Fortune 500）企業發展3D列印科技時，還幾百萬美元、幾百萬美元地花呢；安德森和白列特卻剛剛發明一部可以在十五分鐘內裝配出立體物件的機器！這速度在當時簡直是天方夜譚，而他們一共才花了不到一百美元！

不久，一群可能的合作夥伴排隊到第二十號大樓來朝聖。企業主管在一堆堆的機器人舊零件之間走動，小心翼翼避開地上的香蕉皮和髒衣服，參觀他們展示的3D印表機。

「我們將印表機打開，」白列特回憶說，「它就發出聲響，幾分鐘後就停止。」

「機器壞了嗎？」投資人問。

「不，已經好了。」白列特或安德森回答，伸手進機器裡拔下用纖而樂鑄造出來的引擎零件。

最後，他們跟兩家企業簽訂合約，創辦了「Z公司」（Z Corporation），將這技術商業化。

一九九七年，Z公司發表了全球最快的3D印表機，成為這個產業的早期領導者。

安德森和白列特的故事展示了創意發明不切實際的本質。「安德森的一項重大創新，是想通了3D印表機只不過是噴墨印表機較複雜的版本而已，」白列特說，「那個概念啟發了我們，於是我們將噴墨印表機切開，看看裡面到底有些甚麼東西。」而一旦開始「玩」別人丟棄不要的電傳打字機，他們就感到一股自由，可以將番茄汁或麵粉或砂糖倒到列印頭上去——因為當你在一堆垃圾中東敲西弄時，可以嘗試冒冒險。

我為了這本書，打電話給白列特約採訪，他提議我們在麻州森馬維爾（Somerville）一家創客空間碰面。這名為「工匠庇護所」（Artisan's Asylum）的地方，已經有如白列特的第二個家了。這些日子，他白天是Viridis3D公司的技術長，到了晚上，卻依然繼續拿一堆廢棄物東敲西打。當我到了工匠庇護所，在他的慣常座位找到他時，他坐在一副人體模型後面，展示一件鋪滿塑膠假牙的塑膠袍子。這也是白列特的一個興趣項目，因為他找到一些鑄造假牙的舊模組，靈感一到，便弄出了這麼一件奇怪衣服。

他的創意方式一定帶著些甚麼魔力，二〇一四年一份關於3D列印產業的報告宣布，白列特是業內取得最多專利的發明家。換句話說，先別那麼快就否定那件假牙袍子，也許它引發出一些新科技，又或者白列特會從中想到下一個發明靈感呢？

同樣的創意和智慧，也能讓我們擊敗飢餓及疾病。

「無」的威力

二〇一三年，比爾．蓋茲在《連線》雜誌中披露，他迷上了肥料。「我必須提醒自己在派對上這題目就不要講太多了，因為大部分人不會像我這麼感興趣。」他寫道，「目前人口中的百分之四十之所以能存活，是因為一九〇九年有位名叫弗里茨．哈伯（Fritz Haber）的德國化學家弄明白如何製造合成氨。」合成氨被用來製造合成肥料，農夫才有方法快速增加作物的生長。幾年後，德國化學工程師卡爾．博施（Carl Bosch）發展出一套方法，讓合成肥料能在工廠大量生產。從拯救的生命數來衡量，「哈伯—博施法」被選為歷史上最重要的發明。二十世紀人口爆炸期間，這項發明讓農夫有辦法生產足夠的糧食來餵飽數以百萬計的新生人口，否則他們就會死於饑荒；直到現在我們仍然對之依賴甚深。乍看之下，身為數位革命重要人物的蓋茲會對泥土產生興趣，是很矛盾的事情。然而他繼續寫道：哈伯—博施法教會我們「如何能改變現狀，花下去的每一塊美金都能夠發揮最大的力量。」

哈伯—博施法顯示了人類能將創意發明用在克服威脅最大的生存難題上。我們已經能夠將空氣轉化為麵包了，那麼可以想想：還有甚麼可以做的呢？

一次又一次，人類總是能找到方法將「無」化為新資源，發現垃圾或汙垢都隱含著龐大的價值。

一八六五年，朱爾．凡爾納寫了篇科幻故事，用鋁來製作太空船。在當時，這想法跟用黃金在月球上蓋殖民地同等荒謬，那時候，鋁的提煉十分困難，是很珍稀的金屬。據說拿破崙三世用鋁碟子進食，皆因當時鋁比黃金貴。但發明家在金屬提煉流程上迭有突破，很快地，鋁的產量增加，價錢下跌。而正如凡爾納所預測，這種神奇物質很適合用來製造飛行器；事實上，鋁是航空工業蓬勃發展的原因之一。

另一方面，避孕丸發明者卡爾．翟若適（Carl Djerassi, 1923-2015）從墨西哥芋頭提取荷爾蒙；因此，原本不怎麼被重視的根塊卻對人類福祉貢獻甚大，人們得以控制懷孕的時機。

更近期，研究人員在最想像不到的東西中找到寶藏，就是糞便。近年來基因組的研究，讓研究人員握有新工具，分析活在我們腸臟裡的微生物，並一一分類。而探究我們肚子裡的共生系統，卻意外帶來過去幾年最具啟發性的突破——而且可能也帶來許多新藥物。事實上，其中一種新藥物已經存在：飽受「困難梭狀芽孢桿菌」（Clostridium difficile）這種腸臟感染之苦的病人，其實可以透過接受健康捐贈者的糞便，只要幾小時就可以被治好。所以，我們將排泄物轉變為藥物，這真是極為驚人的無中生有之舉。

一次又一次，人類總是會重塑環境，根據手頭上僅有的一切，製作出符合大眾需求的事物。有些結果不是那麼完美，例如用哈伯–博施法製造肥料的過程中，土地中微生物的多樣性受到損害。然而，回顧過去的重大突破，你只能對人類物盡其用的能力瞠目結舌。能做到這樣，不是單靠科學發現而已，還因為人類的一種獨特能力：我們能夠想像未來，在腦海中穿越時空，考慮還未出現的問題。所以，就讓我們來一場時空旅行吧。讓我們到未來——即本書的第三部——去看看。

第三部　預言・想像未來

電腦業和通訊業的科技進步及輪轉之快速，往往只消幾個月的時間，所謂的未來便已到來。我們怎樣才能夠想得比實際發展還快？有沒有什麼定律主宰著科技的演化？需要具備什麼樣的想像力才能預測未來？

第八章　未來科技的滋味

科技產品不見得必須靈巧光鮮或開發完成，才能風行一時。它們需要的是在世界中撬開一道裂縫，就像愛麗絲透過鏡子打開通往仙境的大門般；這些機器就是我們走向未來的任意門……

近代的行動電話，可說將各種最甜美的科技揉成一塊人人都無法抗拒的糖果。它使用微小的電腦晶片，也依靠掛在高塔上有如吊燈的天線。從電話技術到觸控螢幕工程等好幾個領域的突破，最後讓行動電話一飛沖天。所以表面上，似乎不能說這是某個人的功勞，或者明確指出行動電話是從哪個時刻誕生的。

可是，使用手持通訊器的經驗本身也是一種發明創新，而這個經驗發生的確切時刻和地點卻很清楚。我們在本章，將追蹤一位叫做馬丁・庫珀的工程師（〈引言〉中曾簡略提到他），當年他想到了一個人們如何通訊聯繫的新點子。在那個電話仍被釘在牆上靠電線連結的年代，庫珀經常開玩笑說：有那麼一天，每個人一出生就會領到一個電話號碼，去世時才停用。這個想法在一九六〇年代好像很瘋狂，不大可能發生，但他鍥而不捨，設想各種策略讓它實現。「我常常說：人類先天上和本質上就具有移動的基本特性。」庫珀告訴我，他醒悟到，這「先天」的人性和心願將會推動電話的演化。

發明新事物時，你必須思考的是未來；你押寶的是十年後大眾想要甚麼，或如果能夠克服目前某些限制的話，大眾會希望擁有甚麼。因此，在第三部中，我們要探討發明和預測、預言及科幻小說的夢想等等的關係。甚麼樣的人最先想像到那樣的未來？他們如何做到？他們又怎樣將心中的願景傳達給我們？我們將會碰到一系列的發明學家，看他們如何尋找智者之石：尋找能說明科技如何演進的公式，希望能大幅躍進，超越發展曲線的進程。

至於庫珀，他愈來愈相信，最重要的是設計出每個人都渴望擁有的新穎體驗。但困難又巧妙的是：當這種經驗還不存在時，沒幾個人明白你在說啥，他們也許還討厭這點子呢。因此你必須將實在的機器放到他們手裡，喚醒潛藏的渴望，願意探索新的可能性。而這正是紐約市西奈山醫院發生的事。

活在未來的西奈山醫院

如果在一九五〇年代的醫院裡走動，你會被噪音煩死。走廊兩旁、手術室裡都掛著喇叭，持續廣播，向不斷奔跑的護士和醫師宣布訊息：「某某醫師，請到ＩＣＵ報到。藍色警報，**藍色警報！**」

病人聽到一堆警報，當然也嚇壞了，於是摩托羅拉有一組工程師提出建議：要是護士和醫師都隨身帶著小型無線電裝置，結果會怎麼樣呢？有了這種像對講機的裝置，他們在醫院裡走來走去時就可以相互通話了。工程師決定在西奈山醫院做個實驗。西奈山醫院由數棟建築及一所護士學校組成，橫跨好幾個街區，環境十分適合。

摩托羅拉從一九五五年開始的實驗規模龐大；需要數英里長的天線電纜，還需要一部發射器，將訊息傳到菸盒大小的手提呼叫器上。結果十分神奇。控制中心調度員發出呼叫時，接到訊息的外科醫師伸手到口袋裡掏出呼叫器，仔細聆聽指示，接著衝去需要他們的正確病房，準備好處理任何緊急狀況。而不過幾秒鐘後，護士也帶著正確的藥物或器材趕到病床旁。此外，新手媽媽也可以使用呼叫器，聆聽隔壁房間裡小孩的情況。彷彿這家醫院比其他人超前幾十年拿到行動電話了。

當然了，那些早期通訊器根本不是電話；醫務人員一旦離開西奈山醫院回到街上，呼叫器立刻打回原形，完全無用。在訊號範圍外，他們的手持裝置無法收發訊息。在一九五〇年代、甚至六〇年代初，如果你想帶著無線電通訊器在城裡遊走，你還需要一輛轎車或小貨車，載著行李箱大小的儀器才行。這是為什麼儘管西奈山醫院的實驗很成功，大家依然無法想像，有一天行動電話會變成那麼小，小到可以隨身攜帶。在美國周日版報紙的漫畫中，神探迪克．崔西（Dick Tracy）對著手腕上的無線電對講機說話，但這科技跟他丟向銀行搶匪的原子光彈同樣的遙不可及。當時的假設是，縱使行動電話終於來臨，也一定會裝在車子裡，因為相關科技就是需要那麼多空間呀。

但在西奈山醫院裡，時間出現了破口，醫院的員工開始活在未來，每個人都在使用手持通訊器了，這項新科技彷彿順理成章、理所當然。醫務人員也開始發揮創意，充分利用呼叫器的好處；例如外科醫師可以放心躲在偏僻的小房間裡小睡幾小時，因為必要時呼叫器會把他或她叫醒。我們在第一章談過，科技的先驅使用者會經歷所謂火星人時差的狀況，他們是第一批感受到新科技帶來痛苦的人，而他們的洞見——來自痛苦的挫折感——往往帶來靈感，啟發新發明。在西奈山醫院的例子中，醫師和護士一邊跟有如科幻情節般的問題掙扎，一邊卻想出各種利用這個無線系統的聰明方法。他們的手持無線電裝置極不可靠，你永遠不曉得甚麼時候裡頭的電晶體會燒壞，通訊器整個掛掉。由於醫院同仁現在依賴摩托羅拉的機器來編排他們在醫院內的走動路線，手持裝置的損壞居然會引起未來式的焦慮。在今天，當然了，我們都知道手機壞掉引起的恐慌感覺如何；這可說是二十一世紀獨有的恐懼：螢幕突然黑掉，你發現少了它，自己原來如此無助。但在一九五〇年代到六〇年代初（就是摩托羅拉在醫院測試系統的時候），人們才剛開始醒悟近代通訊系統的潛力——及陷阱。「醫師有時候滿難伺候的。」庫珀說，描述他們在通訊器壞掉時大發雷霆的情況，有個醫師甚至將手持裝置用力往牆壁砸。

對庫珀這位摩托羅拉資深工程師兼產品經理來說，西奈山實驗讓他眼界大開，看到手持式無線通訊多麼令人上癮。有一天，一群摩托羅拉工程師告訴眾醫生：「嘿，我們錯了，我們有點走太快了，我們先將這系統拿回來吧。我們會好好改進，等準備好了再回來，給你們更好的系統。」庫珀回憶著說。可是，眾醫生不肯退還他們的手持裝置。「如今沒了呼叫器他們根本不曉得要怎麼工作了。」庫珀說。這經驗讓他首次體會到通訊的未來：一旦你開始隨身攜帶通訊器，你的習慣會改變，過沒多久，沒了它你就無法運作。如果你（等他們開始使用之後）「想從一些人手中拿走你的產品，而他們拒絕交出來，那麼你就知道你成功了。」庫珀說。

他的第二個啟發發生在六〇年代末期，那時候，庫珀和摩托羅拉的同事開始測試一套為機場工人而設的無線電通訊器；這些設備比醫院的機型巨大，重達好幾磅。理論上來說，這機器太笨重了，不方便整天用手拿著，於是摩托羅拉精心製作了一個皮套，好讓工人將新玩意揹在背上。「我們費了很多功夫製作皮套，讓你可以像揹背包那樣。」但結果，機場工人極少將通訊器收起來，庫珀告訴我。他們絕對談不上是先驅使用者，因為就我們所知，他們沒發明過什麼東西。可是，他們還是很清楚該如何透過跟上司和同事持續對話，來提高工作效率。庫珀愈觀察他們，就愈相信電話的未來肯定在我們手裡。

庫珀很幸運，因為他的工作讓他站到高處，觀察人們在模擬未來的環境中的行為表現，因此等於進行了民族誌或田野調查的做法，對於了解使用者心態十分重要（一如我們在第一部中所見）。摩托羅拉的實驗讓他有機會研究卡車司機、機場工人以及房地產仲介，觀察他們和新通訊裝置如何互動。「大部分的發明品不是誕生於發明家心裡；而是經過觀察大眾如何使用……的產品。」他說。他自己早就帶著呼叫器，其時大眾還不曉得它的存在呢，因此他早就活在未來，早就可以從任何地方進行通訊。

第一部「磚頭」手機的誕生

但就算行動電話對庫珀來說好像是早晚會發生的事，眼前還有極巨大的障礙等著他去克服。一九六〇年代，美國的電話系統由AT&T（美國電話電報公司）壟斷，而且看來FCC（美國聯邦通訊委員會）可能會將無線電話頻譜關鍵部分的控制權送給「貝爾媽媽」（Ma Bell，AT&T的戲稱）了。

幾十年來，AT&T工程師計畫中的未來，是將汽車當成會移動的電話亭。一九四〇年代，AT&T的貝爾實驗室設計了一個叫做「蜂巢式行動電話」（cellular telephone，即今天的手機）

的系統，預計將每個城市畫分為許多可相互通訊的小「電台」。到了六〇年代，他們又做出調整；從發明家阿摩斯・朱爾（Amos Joel）撰寫的專利文件，可看出他們對未來懷抱的願景：文件的插圖顯示無線電波發射塔將訊號發送到各汽車安裝的強力接收天線。在當時，以汽車為基本載具的想法是理所當然的，因為那時候行動電話的體積大到需要裝在行李箱才能四處「移動」。

一九七〇年代初，ＦＣＣ讓其他公司也有機會參與，宣布開放部分無線電波頻譜，鼓勵新創公司展示他們的蜂巢式裝置。庫珀和同事看著事態的發展，益發感到沮喪。看來ＡＴ＆Ｔ將會贏得蜂巢式行動電話市場的爭奪戰了——貝爾媽媽和美國政府的關係依然十分密切。「大概到了一九七二年十一月，我們聽說ＦＣＣ快要做出決定了，」庫珀後來回憶此事，「對我們來說，最糟糕的情況是ＡＴ＆Ｔ將我們吃掉。於是那年十一月，我們決定衝去華盛頓……」直接跟ＦＣＣ委員申訴。

同時，計畫開始在庫珀腦海中成形。「我們需要做一點讓人眼花撩亂的事情，吸引大家的注意力。」他告訴我。單靠口頭介紹他們的電話還不夠，因為「那簡直像科幻小說」。那時候，蜂巢式電話的未來被ＡＴ＆Ｔ的「汽車載著電話跑」的劇本定了型，要證明手持行動電話確實可行，摩托羅拉必須扭轉話題，而來個酷極炫極的行動示範也許有用。「如果你無法真正將東西做出來，那麼它就談不上是一項發明了。」他說。但「如果你（有辦法）將一個實體裝置放到某人手裡，讓他走來走去，在一具沒有連接電線的（電話）上講話，就會吸引注意了。那是手機概念的創世紀。」

庫珀向上司提議讓公司全力投入打造展示品。經過嚴謹考量，管理階層決定付諸實行。到了一九七〇年代，隨著半導體和電池的體積愈縮愈小，庫珀覺得，也許時機終於成熟，能打造出一部手持無線電話，愛打給世界上任何人都可以。

摩托羅拉將所有籌碼都押在那個展示品上。庫珀說：「我們將摩托羅拉的其他計畫全停下來了，有幾百人在參與打造這個系統。」他們希望做出歷來第一個手持行動電話。因此功勞應該歸於管理高層，他們冒了很大的風險。庫珀說，執行長巴布·葛爾文（Bob Galvin）「將整家公司」都押在這電話上了。

展示用的模型將會成為報上的醒目照片，並在記者會上大出鋒頭，所以必須看來好像剛剛從公元二〇〇〇年用光束傳送過來。於是，庫珀請摩托羅拉的工業設計部主管魯迪·科魯路普（Rudy Krolopp）幫他塑造手機的模型。

「那是甚麼？」科魯路普回答，這概念讓他十分困惑。

但兩星期後，科魯路普的團隊為庫珀展示設計樣品，幾個假裝是電話的模型——全都是白色且線條優美——真的好像是從《摩登家庭》（*The Jetsons*）影集跑出來似的，具備了滑動的面板、可掀開的蓋子和有點卡通感覺的天線。

庫珀拿了其中一個模型給他的團隊，問：「你們能不能把它變成真的電話？」結果他們還真做到了——但那「電話一直長大，一直長大。等到終於完成時，已成為我們口中的『磚頭』。」無論如何，電話的確能運作。

表演打電話

一九七三年四月三日，摩托羅拉召開記者會，地點在紐約市第六大道的希爾頓飯店。進入飯店對記者做簡報之前，庫珀在人行道上來回踱步，手上操作著一個像小孩靴子的東西，上面有按鈕和天線。一群人逐漸圍過來，呆呆看著他表演如何從路邊打電話給別人。

經過這場戲劇性的街頭表演後，庫珀進飯店和記者會面。史上第一個行動電話長得像塊擋門磚般毫不性感，不過仍是一場工程大勝利。為了證明電話不是個精心製作的假貨，他將電話傳給眾人細看。一位記者打電話到澳洲，聽到機器裡傳來他媽媽的聲音時驚訝莫名。摩托羅拉的工程師用當時的科技拼湊出模擬的未來。整個事情的背後，電話技術的運作確實是勉強湊合起來的。事實上，記者拿在手裡的電話將無線電波訊號發射到馬路對面建築裡的基地台；再從基地台連接到AT&T的固網電話網路。那時候，當然還沒有分布全美的蜂窩塔（行動通訊基地塔）網路，沒有任何基礎建設來支援這項科技。除此之外，電池只能支撐二十分鐘，然後就掛了，但反正電話的重量可能令你還等不到電池沒電，就累得急著想把電話掛上。無論如何，電話的功能已足以證明庫珀的論點：這電話有辦法生存下去。

這次展示完全吸引了媒體的注意力，庫珀相信這有助於阻止ＦＣＣ將行動通訊技術可用的無線電頻譜全送給ＡＴ＆Ｔ。一九七〇年代初，美國政府終於開放頻譜。到了一九八〇年代初，當ＦＣＣ同意讓數家公司同時競爭時，摩托羅拉立刻跳進市場，賣出歷來第一個在市面銷售的手持行動電話，這款電話的名稱和編號為DynaTAC 8000X。原版的「磚頭電話」沒多久就成了電影中的明星以及雅痞的象徵。在一九八七年的電影《華爾街》（*Wall Street*）裡，主角哥頓．蓋柯（Gordon Gekko）走在旭日初升的海灘上，對著磚頭吼叫：「這通電話是要來叫醒你的，老友。」再過不久，每個人都被喚醒了。十年不到，手機已征服全世界。

當然，我們也應該記住切斯特．古爾德（Chester Gould）的功勞，他是迪克．崔西漫畫的創作者，而這套漫畫啟發庫珀和他的整個世代開始想像有如腕表的通訊器；在一九五〇、六〇年代，小孩子手上還可戴著迪克．崔西玩具通訊器，具備了蜂鳴器和可敲打摩斯密碼的按鈕。金．羅登貝瑞（Gene Roddenberry）和第一代《星艦迷航記》（*Star Trek*）的道具設計師也居功厥偉，鞏固了大眾對這類電話的幻想。一九六〇年代，企業號的艦員已經手持可掀蓋的通訊器了。到現在我依然記得，寇克艦長手腕一抖、打開通訊器的酷樣子，讓人聯想到癮君子搖晃一下菸盒、倒出一枝菸來的模樣；結果這樣的通訊器給人一種既犯規卻又令人欣羨的怪異感覺。換句話說，二十世紀中葉的科幻奇想讓大眾首次嘗到使用穿戴式通訊裝置的滋味，拓寬了人們的認知，彷彿一切都有可能。（下一章我們將會看到，故事、電影和漫畫經常是科技夢想最重要的來源）庫珀吸引媒體的表演以及摩托羅拉早期的產品DynaTAC，則進一步喚醒了廣大民眾內心的渴望。事實上，任何從根本上具有革命性、雄心勃勃的科技差不多總是由兩股力量交纏而成：以電線和藍圖開始，但也會有個高瞻遠矚的人，完全改變了我們的預期。

庫珀告訴我，他當初是自己學會探索想像的世界以及未來的可能性。還只是個小孩子時，「我讀了很多奇幻和神話故事，稍為長大後則開始讀科幻小說。所以我的心永遠都在上天下地、神遊四海，而對想以管理工作為志向的人來說，可不是太好的事。」他說。但是，威力強大的心靈之眼成了庫珀的照明燈，幫他照亮了前方的路，看到未來。他說：「當你有做夢的特質，對科學有興趣，又喜歡了解事物如何運作（這對我一直很重要），你自然會不停地思考：同一件事情可有不同的處理方式？」

「乓」之感

庫珀相信，某些類型的機器是如此好玩、容易上癮，而且是那麼完美地適合人腦，因此能創造出全新的觸感和品味，塑造整個世代。這些新科技剛出現時，通常長相荒謬（那個磚頭手機就是一個例子），很容易成為笑柄。但儘管它們帶來的改變慢如牛步，最後終究改變我們的期望，爭取到新的信徒，從此我們和機器的關係也走上全新的道路。

「我們塑造出我們的工具，而之後它們又回過頭來塑造我們。」研究媒體的學者約翰・寇爾金（John Culkin）曾經如此觀察。最聰明巧妙的科技會教育我們形成新習慣。而一旦你形成這些習慣，科技就成為你的一部分，你將無法想像缺了這些科技如何活得下去。這種現象，庫珀稱之為「乓」效應。

如果你是X世代的人，也許你還記得一九七〇年代在家裡地下室玩的「乓」（Pong）遊戲，你迅速轉動著遊戲機上的轉盤，眼睛盯著黑白電視螢幕上的「網球」——一個白色長方形——在黑色背景畫面上彈來飄去。雖然遊戲十分粗糙，卻讓當時還是小孩子的我們神魂顛倒。為什麼？因為我們太習慣電視上出現甚麼，便呆呆看甚麼。可是現在，突然之間，你可以把手伸進去影響螢幕上發生的事。「乓」是一種入門迷藥，讓我們品嘗到未來更厲害的電玩降臨地下室時，會出現甚麼樣的可能性。吳修銘（Tim Wu）在著作《誰控制了總開關？》（*The Master Switch*）中和庫珀同樣指出，「乓」是那種極罕見的科技糖果，讓大眾胃口大開，渴求更多同類產品，從而開創出全新的產業。「看看今天的PlayStation，誰會想到『乓』曾經是讓人呆若木雞的遊戲呢？」吳修銘說，「或者說，在這個高畫質的年代，誰想得到當初比一九四〇年代電視解析度還差的YouTube畫面，竟然曾令觀眾那樣瘋狂？事實上，粗糙原型往往就代表了新產業的創始階段。」

我們太習慣於想像：改變我們習性的革命性新科技，一定誕生在大型的R&D實驗室。比方說，行動電話就需要幾十年的工程作業、幾十億美元的資金，以及一群律師和立法人員的努力，最後才現身在我們眼前。可是另一方面，不是每一種讓人渴求的科技都誕生於摩托羅拉公司或貝爾實驗室。「乒」就是絕佳證明。它是由兩個鬥志旺盛的人——努蘭．布許內爾（Nolan Bushnell）和阿倫．阿爾康（Allan Alcorn）——設計出來的，但當初他們只在廉價黑白電視機上測試這遊戲。和庫珀一樣，他們設計的是一種體驗，而不單是科技而已。

「乒」說明了科技產品不見得必須靈巧光鮮或開發完成，才能風行一時。它們需要的是在世界中撬開一道裂縫，就像愛麗絲透過鏡子打開通往仙境的大門般；這些機器就是我們走向未來的任意門。「乒」式的機器是用電線、玻璃和塑膠製造出來、對未來的一種預測，讓我們品嘗、感覺和聞一聞甚麼是可能的，那真是一種魔法。

但想要成功施展魔法，發明家必須冷靜評估科技的未來發展。例如，庫珀和摩托羅拉一眾工程師必須預測電晶體和電池的演化，因此才能向前躍進，充分把握住幾年後來臨的機會。為什麼有些人能夠無視於時代的侷限性，預期可能發生的事情？

下一章，我們將要深入研究這個問題。

第九章　搜尋引擎@一九三九

試著想像幾十年後的未來世界，然後根據你對於機器演變和人類欲望需求的預測，試著釐清什麼樣的科技終將存在。接著你藉由畫草圖、製作影片或講故事來形容該項科技，想辦法讓它活過來……

一九三三年間，有份大學校報刊登了一篇很古怪的文章，由「某位來自未來的MIT副校長撰寫」。但或許他們這次耍的花招最讓人驚訝的是：作者確確實實是MIT的副校長萬尼瓦·布許（Vannevar Bush），而布許是個習慣把鈕扣全部扣上、經常穿著斜紋軟呢背心的工程師，永遠籠罩在一團雪茄煙霧之中。乍看之下，他比較像十九世紀初英國愛德華時代的保守派，絕對不像來自未來的先進人類。可是，布許藉由這篇文章，極力嘲笑當時機器的原始落後，他對於一九三〇年代人們需忍受「打字機無休無止的滴滴達達」，以及固定住在一個房子裡有如下了錨般不能移動，十分不解——多笨呀！他特別討厭那時代的圖書館，批評它們比較像博物館；你在一排排書架迷宮之間走來走去，最後迷路。為了找尋想要的資訊，你必須「笨拙地爬梳一堆卡片、翻書頁，花很多小時搜尋」。

寫這篇文章的時候，布許心裡想的都是圖書館；令他沮喪的是，這個關乎人類思考效能的重要工具居然如此簡陋原始。不過他同時也充滿希望，因為一項很炫的新科技醞釀已久：縮微膠片！當然了，到了今天，縮微膠片已是歷史遺物；看看縮微膠片機的齒輪、槓桿和轉動膠捲的把手，那機器簡直是資訊科學界的古董汽車。可是，當時布許看到一場資訊革命的潛能。縮微膠片能將全世界的知識微型化，而一旦圖書館空間縮小，它們就可遍地開花；平常人也可擁有幾千本書，全部儲存在書桌抽屜裡。他開始設計一個「選擇器」，人們可透過選擇器精確地找到想找的資料。回頭看這段歷史，當時可說是用木頭、金屬和一捲捲的膠捲來打造Google。很不幸，那是一九三九年的事情，經濟大衰退才剛接近尾聲，他不可能找得到經費來贊助這個雄心勃勃的計畫。雖然此時布許地位逐漸高升，政治影響力極大（二次世界大戰期間，他負責管控整個美國的研發力量），可是根據歷史學家柯林・柏克（Colin Burke）的研究，布許依然需要「努力找錢來支撐MIT及自己的部門和學生」。

缺乏資源，也沒空閒實際建造他的選擇器，布許便退而求其次，運用想像力，並且自我挑戰，試著預測：等時機成熟時，個人圖書館將會如何運作。他在寫於一九三九年但從未出版的一篇文章中，介紹Memex這部未來機器；任何人都可以透過機器叫出某本書或報章中的某些頁面，加上注解，然後將結果儲存起來。他最厲害的洞見是，這將改變人類記憶的本質——彷彿隨便一個路人都突然得到過目不忘的本領。於是他想，有朝一日一定會出現對人類思考如此有用的工具，不是嗎？布許像個科幻小說家一飛沖天，飛越他那個時代的一切侷限和桎梏。

一九四五年，他在《大西洋》（*Atlantic*）雜誌上發表的文章，讓全球大眾首次見識到最令人難忘、如真似幻的未來情境。布許的描述讓讀者彷彿坐在Memex前面，如今Memex已演化為一張配有幾面螢幕的書桌，上面顯示讀者想閱讀的任何書本或報章上任何一頁。那時候，世界上第一部多功能電腦ＥＮＩＡＣ還只是個祕而不宣的軍方計畫，而且體積龐大，基本上只能做數字運算。但布許想給讀者的未來感，是幾十年後當電腦速度追上人腦速度時，活在那個時代的感覺。他形容Memex的控制面板「會有個鍵盤，上有很多組按鈕和槓桿」。他的文章說：「如果使用者希望參考某本書，就在鍵盤上敲下符碼。」接著該頁面就會出現在屏幕上。他體認到，資料出現的方式，應該和意念出現在腦海的情況類似。「假定我想溫習一下二十年沒見的蘇絲嬸嬸的樣子……我的腦子飛快運轉……突然她的樣子就出現在我的心靈之眼前面。Memex的目標也差不多。」一直到二十世紀末，這想法都不斷被提起，迴盪不去。他覺得，Memex應該容許使用者在文字間前後跳動，將各個概念連結起來，建立起聯想的「軌跡」——這模仿了人類思維中聯想的特性。布許預測的個人電腦，具備了超連結、搜尋引擎、顯示螢幕，以及網路的功能。他的預測，比任何人都足足超前了五十年！

同等重要的是布許發展出的新觀念：不見得非得透過科學發現，才會出現新發明，也可以純粹經由想像。整個Memex的設計過程，完全在他的心靈之眼中完成，然後透過文字呈現其中精妙；布許心目中的機器是如此精確和具體，以至於當《生活》（*Life*）雜誌重新刊登他的文章時，還特別加了插圖，活像Memex已真實存在。

其實布許當時正在傳承一項已有數世紀歷史的傳統，就是描畫出當時還未能製造出來的機器。例如達文西曾在筆記本中畫下人力直升機的圖樣，用清晰明確的線條描繪出他的構想。當然了，用帆布旋翼製作的十五世紀直升機肯定飛不起來，因此達文西只是畫出心裡的實驗——在心靈中的實驗室中嘗試飛行。

布許呢，由於他活在《生活》雜誌的時代，他就不只是在紙上畫出個未來機器的模樣而已了，他還能跟幾百萬人分享他的願景。

「我一邊寫文章，一邊天馬行空地推斷未來，我描述的科技或裝置當時要不就仍在萌芽階段，或甚至根本不可能實現，」他後來坦承，「目的不是提出實際具體的裝置，而是嘗試高瞻遠矚，眺望未來。」布許明瞭，如果他能像先知般預見這樣神奇的機器，未來的工程師就會將它打造出來。

布許膽大包天的文章的確啟發了名叫恩格巴特（Doug Engelbart）的年輕工程師，他勇往直前，讓Memex這部想像的機器成真。和布許一樣，恩格巴特也是先從想像人類的潛能為起點，再運用幻想和預測為工具。這真是最宏偉而大膽的逆向工程手法。恩格巴特的故事顯示：當我們放任心靈在時光中旅行，而且將之用於發明創意上，多少事情都會變得可能！

只是暫時的「不可能」

一九五〇年間，恩格巴特在NASA位於加州的阿梅斯（Ames）研究中心工作。一天早上他開著車子上班，公路在他前方快速後退。「我訂婚了！」他想。他剛剛跟心上人求婚，心情好到車子開進停車場時，需要努力讓自己鎮靜下來。那時候，恩格巴特負責航空實驗室風洞的機械維修，這是很多工程師夢寐以求的工作。可是突然間他幡然醒悟，其實自己已厭倦了這份人人羨慕的生涯。那一天，他決定要辭掉工作，尋找值得投入的終身志業。

一開始他想像出發到熱帶地區，協助付不起醫藥費的窮人打擊瘧疾，卻又立刻重新考慮：他讀過一篇報導說，等到人類擊敗瘧疾，人口數將暴增，躲過瘧疾危機的人會死於饑荒。世界上的問題總是如此糾纏不清，無論是他或其他任何人，怎麼可能希望自己能對抗饑荒或疾病呢？

苦苦思索之間，有個概念逐漸成形。好多年前，恩格巴特就在《生活》雜誌上讀過布許的Memex文章，看過插圖中那張滿是齒輪、鏈輪，上面還有兩個螢幕的書桌。

於是，正當他思考所有人生的疑問和答案之際，Memex跳到腦海中。一如他剛決定和心愛的人同偕白首，他也決定和Memex共結連理，要致力於讓Memex成真。如果世界上有那麼多無助、無知的人類解決不了的複雜問題，那麼他就來發明個方法，讓大家變聰明點吧。

你不能稱這個為「啊哈」時刻，因為直到這時，年輕的工程師啥也還沒發明；他連真實的電腦都還未碰過。一九五〇年代早期，全世界總共只有幾部電腦，恩格巴特還沒機會使用過任何一部。結果，經驗不足反倒成了一大優勢；他沒見過得靠整個房間都布滿電線和真空管才能思考的情況。相反地，他對於計算的概念來自另一位高瞻遠矚人士的願景；也許你可以稱之為怪念頭的平方，從一個夢想迸出來的另一個夢想。他試著拓展布許最初的想法，想像身處機艙中，而不是坐在桌子前，靠一套思維系統來導航，機艙中的人可飛過虛擬的空間，有如開車通過一座城市。

十三歲那年，恩格巴特就曾經將一部破福特汽車敲敲打打，最後又讓它浴火重生，能夠走動。他女兒克莉絲緹娜（Christina）告訴我：「那時候的車子，你開車時會用到方向盤、阻風門（裝置於化油器上方的控制閥門），兩隻腳踩在踏板上，整個身體都會用到。」她覺得她父親研究電腦時，過去使用福特汽車的經驗大大啟發了他；他領悟到，他要發明的電腦必須人人皆懂得駕馭——無論使用者是祕書、政客或學者。

自一九五〇年代初決心投入這項神聖任務之後，恩格巴特就知道他必須更深入了解科技，於是到柏克萊當研究生，並想辦法接近北美洲最先進的電腦實驗室——由海軍資助的CALDIC計畫。這計畫使用了一排排真空管以及一個磁鼓儲存器進行計算，跟Memex好像風馬牛不相及，但這經驗終究幫助他獲得重大的初步概念，窺見未來的走向。

恩格巴特想通了一件事：電腦跟之前他在阿梅斯實驗室研究的航空設備有著極大的基本差異。一般情況下，飛機的大小是不變的，畢竟你沒辦法將一百個乘客塞進針頭大小的空間裡。但自從數位電腦誕生之後，體積就一直縮小；體積愈小，電腦的能力就愈厲害，因為現在電子訊號「咻」一下就可通過較小的地帶。電腦產品進步的周期是那麼的瘋狂，如果你設計了一部電腦，然後按計畫花五年時間將產品打造出來，那麼等到你完工時，這電腦早已過時，成了廢鐵。因此祕訣是認清楚：任何在今天看似不可能的，都只是暫時現象。要在這領域當發明家，你必須是個高瞻遠矚的人。

恩格巴特在柏克萊校園裡闖蕩，尋找志同道合、認同電腦將改變世界的人，希望可以攜手走這趟旅程。當他的工程師朋友嘲笑他時，他就找一些搞藝術的群眾來測試他的想法。後來他回憶：「主修英國文學的人總是雄辯滔滔。」很適合在派對上聊天，可每當他很羞怯地提出，有朝一日，電腦將能幫助他們學習文學，這些新朋友就一個一個從他身邊閃開，拿飲料去了。

一天，他和北加州一家工程學院的院長會面，尋找工作機會。一時衝動，恩格巴特開始描述他看到的未來：當超級電腦和人類成為好夥伴會如何如何，但還沒講完，年紀較大的院長打斷他，說：「再講下去，你就……撐不了多久了。」

演示之母

到了一九六〇年代早期，恩格巴特為他的計畫找到一個家。史丹福研究院（Stanford Research Institute，SRI）既贊助經費，又給他充分的自由，讓他打造理想中的機器。只剩下一個障礙：許多他想像的部件還不存在呢。於是他自力救濟，花了十萬多美金購買了當時速度最快的小型電腦，將它接到餐盤大小的圓形顯示螢幕；給電腦的指令則存在一捲捲紙上。結果，他就這樣架設起一個工作站；當他敲鍵盤時，打進去的字會在螢幕上閃閃發光地出現。就這樣，他發明了「文字處理」這經驗了。當時的電腦，還不懂得處理文字，所以雖然他的工作站慢得令人痛苦，卻已讓使用者嘗到在虛擬新世界中翱翔的感覺。這世界後來有個名稱，叫做「塞博空間」（cyberspace，亦譯作「虛擬空間」、「網路空間」等）。

有一度，恩格巴特甚至弄了個裝上指示器的頭盔，打字員可以透過點頭來移動游標，但試用者抱怨這讓他們脖子痛。最後，最好用的游標控制器是一個小盒子，盒底裝上小輪子，使用者在書桌上推動小盒子，就好像在玩玩具車般。這是恩格巴特親自設計的，實驗室其他同事幫它起了個綽號，叫做「老鼠」（mouse，後來中譯為「滑鼠」）。

到了一九六〇年代中葉，恩格巴特已經製作出一部很接近Memex的機器，具備文字處理系統、滑鼠，及「你看到甚麼就是甚麼」的顯示器，還有包含超連結的粗略網路功能——換句話說，這部機器涵蓋了近代電腦大部分的功能。然而，很少人準備好跟隨他邁入未來。他是矽谷的卡珊卓（Cassandra，希臘神話人物），具備預言能力，預告了未來機器的面貌（甚至還能把東西造出來），但注定遭到忽視。對許多和他同時代的同行而言，他的預言簡直是胡言亂語。

一九六八年，恩格巴特和SRI的工程師安排了一場仔細規畫、好萊塢等級的豪華發表會。他希望產業界目睹他們的奇蹟產品之後，會接受他的想法。講台上，恩格巴特背後的大銀幕顯示了一份文件，他一邊編輯文件的內容，一邊說明所有的動作；讓大家看看用滑鼠控制游標是多麼輕鬆容易。更令人印象深刻的是，他用簡單原始的網路跟另一部電腦溝通。大約一千位科技專家擠在會議廳內，見證這場後來被稱為「演示之母」（Mother of All Demos）的盛會。

雖然恩格巴特講完後，觀眾跳起來用力鼓掌，可是大家對演示會的反應仍是疑惑居多。比爾・帕斯頓（Bill Paxton）是SRI團隊的成員，他說百分之九十的工程同行都覺得恩格巴特是個瘋子。「現在真是很難想像啦，」二〇〇八年帕斯頓接受記者訪問時說，「但在當時，連我們（恩格巴特團隊的研究員）要了解他到底在做甚麼，都有困難。」

一九六〇年代，大多數人總將「電腦」想像成放在保險公司地下室的笨重機器，吞吐著精算師的表格。因此當恩格巴特示範未來的電腦將如何處理祕書的工作時，觀眾全被弄糊塗了。為什麼他要將電腦變成一部豪華的打字機呀？電腦應該用來計算巴西的國民所得才對呀？他們為他的願景喝采，接著將之置諸腦後。

但那天在會議廳內，有少數幾個人的確抓到了這次演示的重要性。其中之一是阿倫．凱依（Alan Kay）。凱依也是位工程師，當天還生了重病發著高燒，因為對ＳＲＩ的計畫深感好奇，硬是從病床爬起來，拖著病體跑到會場，窩在群眾當中，而現在看著恩格巴特和他的原型，他全身有如觸電。「這是我一生中最偉大的經驗，」他後來回憶說，「恩格巴特好像摩西，正在將紅海分開。」不久之後，凱依和全錄公司帕洛奧圖研究中心（ＰＡＲＣ）的同事就全力投入，為恩格巴特想像的電腦打造出更快速、更小型、也更友善的版本。

格雷茨基「球未道、人先到」的本領

一九七〇年代，全錄ＰＡＲＣ實驗室的工程師採取了一種發揮想像力的新方式，大概是介於發明和預測之間，後來凱依還替這種工作方式想了一個名稱：「偉恩．格雷茨基（Wayne Gretzky）思考法。」格雷茨基是傳奇性的冰上曲棍球球員，他打曲棍球時，經常會先到冰球快到之處等待，而不是追著冰球跑。

格雷茨基思考法是：試著想像幾十年後的未來世界，然後根據你對於機器演變和人類欲望需求的預測，試著釐清甚麼樣的科技終將存在。接著你藉由畫草圖、製作影片或講故事來形容該項科技，想辦法讓它活過來。凱依成為格雷茨基思考法的狂熱推動者。其中祕訣是「夢想跟目前毫無關係的事物」，他在二〇一四年的一場演講中如此說明。「夢想可被擴充成願景，願景經過鍛鍊，成為跟我們周遭的想法都大不相同的具體構想。」他分析說，解決問題本身有個問題：「任何明顯的問題一定是現有世界觀的發揮和延伸。」因此會阻礙你往前躍進。但如果你玩一玩格雷茨基思考法的遊戲，想像「一些如果能擁有就真是太酷了或很重要」的東西，而非某個問題的解答。「所以一九六八年間我想到的其中一件事，就是不可避免地，以後我們一定會打造出手提電腦以及平板電腦。」

格雷茨基思考法、實驗室的充裕經費、加上管理階層的善意隻眼開隻眼閉，讓全錄ＰＡＲＣ成為二十世紀最有生產力的創意工廠之一。實驗室的一支團隊建造出可能是首部針對消費市場的真正個人工作站；工作站名叫奧托（Alto），配備有圖形使用者介面、文字處理功能、滑鼠以及檔案儲存系統。

但一九七七年，全錄高層做了個商業史上出名差勁的決定。他們沒有繼續發展奧托——極可能讓全錄登頂，成為個人電腦業界翹楚的產品——反而扼殺了這個計畫。全錄主管為何會犯下如此恐怖的錯誤，無數聰明思想家提出過各式各樣的理論。很多時候全錄的錯誤會被診斷為「決策錯誤」，彷彿一眾經理人衡量過所有的選項，小心考量奧托的情形後，由於過度謹慎才將它否決掉。可是「做決策」意味著管理層充分意識到奧托的存在，檢視過這部機器，也真的了解它。但事實上，對他們來說，奧托可能等同隱形，雖近在眼前卻視而不見。有段小逸事，充分顯示要當時的男性管理人接近電腦鍵盤，是多麼困難的事情。

一九七七年，全錄公司邀請管理人員和他們的家屬，到佛羅里達州波卡拉頓市參加「未來日」研討會。其中一項活動，是在一個房間內擺放了奧托電腦，大家可隨意玩一玩。全錄研究員查爾斯．格斯切克（Charles Geschke）記得那些主管（全都是男性）遠遠地觀望奧托，好像那機器帶有輻射線似的。「令人印象深刻的是夫婦倆的不同反應。男士會後退、滿臉疑惑和態度保留，但太太們——不少人曾經當過祕書——則動手移動滑鼠，看著螢幕上的圖形，以及使用彩色印表機，簡直是如癡如醉。真的，這些男士缺乏相關背景，無法明白整件事情的重要性。」格斯切克報告道。那個年代有巨大的性別鴻溝，許多事情好像也以性別來區分，他們會說這是「男人的事」或「女人的事」。在機器上打字屬於女性的行為，而電腦則是男人的玩意兒。於是，要求一位高階經理人坐在鍵盤前打字，就跟要求他進廚房煮一鍋燉肉沒有兩樣——奧托簡直相當於一條摺邊圍裙呢！

相對地，庫珀則完全沒有這問題。他能夠將未來式電話的福音傳播開去的原因很簡單，他只消把手機放到記者和國會議員的手裡，讓他們玩一玩，便大功告成了。（庫珀在華盛頓首都做了一次產品展示，在紐約市又另外表演了一次。）他的觀眾明白那電話是怎麼回事；因為差不多每個人都曾有漏接電話的沮喪經驗，被拴在桌前等電話也十分惱人。於是一旦體驗過會帶來自由的電話，他們都想擁有一部。行動電話乃是在大家熟悉的基礎上施展的魔法行銷。

但個人電腦就完全是另外一回事了。一九七〇年代的時候，沒幾個人碰過電腦，因此你極難吸引到顧客，說服他們信任這台機器，說它就像個助理或朋友。可是，一些先驅使用者或在工作上碰到問題而深感挫折的人，卻看到個人電腦的潛力。所以當祕書的先被電腦吸引，很高興從此更正錯字時少了很多麻煩；另一群興高采烈的傢伙是原先就在使用家用電腦的玩家。只要試過在諸如Altair 8800電腦上寫程式，面對各種奇怪的開關和閃個不停的小燈，你早晚會開始夢想更方便的運作方式。這些玩家很快就想明白了：為了躍向未來，電腦必須先「往後退」，變得更像個打字機。

一九七九年，其中一位玩家史蒂夫．賈伯斯（Steve Jobs）到全錄PARC實驗室參觀。在現在已名留青史的時刻，賈伯斯看到一部桌上型電腦，以及它的滑鼠、顯示器和文書處理功能。傳說他跳來跳去大叫起來：「你們在幹嘛？你們坐在金礦上耶！為什麼沒有好好運用這科技來做點事情？你們可以改變世界！」

本章提到不少視野寬闊思慮長遠的人，賈伯斯也不例外。他看出電腦並非固定不變，也不是只短暫存在，而會不停並快速地演化。汽車、吸塵器和直升機在一年內不會有太大的轉變，但電腦體積不斷在縮小。而且體積縮小之後，除了改變電腦的基本能力之外，也改變了電腦和人類的關係。電腦是一條軌道，是指向未來的箭。想了解電腦運算，你必須看到模糊中的改變，必須能夠駕馭一種特別的想像力。

恩格巴特就是運用這樣的思維，奮力一躍，遠遠超越任何發展曲線。

矽谷式占卜

早在一九五〇年代，恩格巴特就明白一個影響深遠的概念，這個他稱為「可延展性」（scalability，亦譯「可擴縮性」）的概念，幫助他看見未來。概念的重點是：小型機器的表現會比大型機器好很多。「如果我們所有人，還有這房間內的所有東西，全都變大十倍，會發生甚麼事？」演講時，他很喜歡這樣問聽眾。他指出，變成目前體型的十倍大時，你的體重會變成現在的一千倍，因此你現在坐的椅子即使也變大十倍，都會被你壓垮。而等你掉到地上，你只能像個小嬰兒般乖乖躺著，十分無助，因為你的肌肉支撐不了你這大塊頭。「蚊子如果長到人類那麼大，根本站不起來，飛不起來，無法呼吸了。」恩格巴特說。換句話說，如果你將機器擴增變大，機器便相應需要更強的結構支撐和更多能源。另一方面，要是你能打造小型機器，它會具備神奇的能力。同樣一部電腦，如果體積減半，會快速和聰明得多。

當然，這種讓一般人頭大的概念，對工程師或物理學教授來說只是家常便飯。但恩格巴特的天才在於他另加了新的轉折。他意會到，可延展性的古怪性質對計算產業的未來意義深長，影響重大。如果有辦法預測未來五或十年電腦零件的大小，你也許也可以預告零件的用途，以及因此出現的新可能性。不過他無法讓其他人認同他看到的深遠意義，直到一九六〇年代初，有一次他剛演講完畢，快捷半導體（Fairchild Semiconductor）工程師戈登・摩爾（Gordon Moore）衝上來，熱切地想繼續討論。快捷公司製造的是當時最新型、擠滿微小線路的積體電路晶片。後來，摩爾將恩格巴特的想法轉化為歷史上最準確的預測方法之一。

一九六五年，摩爾接到一個奇怪的邀請：「我想你或許會覺得這很有趣。」來自《電子》（*Electronics*）雜誌主編劉易斯・楊恩（Lewis Young）的信劈頭就說。他建議摩爾預測一下，十年後資訊處理工業會是何種樣貌。「我覺得有機會預測這領域的未來，真是令人難以拒絕。」摩爾回信說，他的手稿很快也就寄到。這篇只花了摩爾幾星期的文章，結果成為了二十世紀最重要的文獻之一。回想恩格巴特的可延展性演講，他領悟到：可以把這概念轉變為一種展望未來的方法。如果你有辦法預測積體電路一年後的大小，你就能預測這些晶片的速度和威力。

摩爾指出，之前連續三年，資訊處理晶片每年的效能都比前一年好上一倍，他推估，接下來十年，這趨勢將會持續穩定地發生，直到一九七五年。要是飛機也能像摩爾預測的矽晶片般，同樣快速地進步，那麼飛機很快就能以每小時一萬英里的速度飛行了。摩爾後來回憶說，利用這個說法，「我只是想說明一個概念，就是積體電路將會讓電子產品變得便宜，而在當時這還不是很明顯。」

到了一九七五年，業界的計算能力差不多就跟摩爾預期的一樣。「我完全沒想過這預測會如此準確。」他後來說。他的觀察被稱作摩爾定律。雖然他原先並無意說這會像物理定律那樣長期適用，這個說法卻慢慢變得比自然定律威力更大：變成賺錢之道。

企業規畫者可能會參考摩爾的曲線圖，估計電腦晶片的價錢和能力，然後決定在一年或五年內製造出甚麼樣的機器。因此很快地，全球數以千計的企業經理人也使用同樣的策略。摩爾定律一開始並沒有刻意要成為中央集權式規畫的鐵則，結果卻是如此。它營造出一種可預測感，而這反過來使得數以兆計美元的經費投資到電腦產業裡。沒有人負責摩爾定律的發展；也沒有人立法催生這條法則；可是它「成為矽谷的指導原則，好似十誡全部合而為一。」著名科技思想家傑倫・拉尼爾（Jaron Lanier）曾經如此評論。

事實上，並沒有獨一無二的摩爾定律。隨著晶片市場趨緩，摩爾定律也放寬了。今天的版本預測的是，每十八個月，晶片效能會提高一倍，而不是每一年。無論如何，這定律早已深入各角落，引導著龐大的財富往矽谷滾滾流去。

我們能預測的是哪一種未來？

一九六〇年代中期，美國軍方策略規畫師赫曼．卡恩（Herman Kahn）進行了一個未來學的宏大實驗。他和另一位作者採訪了一組位高權重的人，包括企業管理層、軍方高級將領以及政府政策專家等，請他們形容心目中二十一世紀的世界會是何模樣，結果是一本名為《公元兩千年》（*The Year 2000*）的書，書中羅列出他們預測三十三年後會出現的一百個科技。

等到二〇〇〇年真的過去，有個名叫李察．阿爾布萊特（Richard Albright）的研究人員很好奇：到底一百個科技預測當中，有多少個想像成真。他覺得，他們的成功率或許可揭示對未來的預測到底有多可靠。他極為聰明地將書中一百個預測分類為醫藥、休閒、交通等等。他有興趣知道的是，某個分類會不會比其他分類更容易預測？這一百個預測給他一個極難得的機會來回答這個問題。

阿爾布萊特發現，不同種類的成功率差別很大。跟電腦及通訊相關的預測準確率高得驚人，達到百分之八十。換句話說，卡恩訪問的專家有辦法提早預見並描述網際網路、錄影機以及行動電話，準確度簡直違反一般邏輯推論。

可是同樣一批專家，在預測其他種類的科技時就慘不忍睹了。最不準確的是和醫藥、建築和交通相關的猜測。在一九六〇年代的那些日子，這群智庫專家想像我們會生活在海底城市，睡覺時享受「由程式控制」的美夢。他們預測我們會登上太空船，在休眠中飛向其他星球。我們也會靠吃藥來控制食欲，意思是再也沒有人會發胖了。此外，醫師會擁有一堆可醫治遺傳疾病的新藥物。而當然囉，汽車可以飛上天。

為什麼他們可以預測資訊科技的未來，其他的預測卻那麼差勁？這是很熱門的辯論題目，參與辯論者大致可分為兩個陣營。科技傾向濃厚的人士看到的是有個「大設計」在運作。例如《連線》雜誌創辦人之一的凱文．凱利（Kevin Kelly），就認為資訊科技先天上有一種特質，會根據某些定律來演化。「如果，在假想的歷史中，共產主義贏了冷戰，微電子科技在蘇維埃式的世界中誕生，我估計即使在這麼不同的政策下，還是無法將摩爾定律壓制下去。」他寫道。於是就他的觀點，摩爾定律乃是脫胎自科技本身。凱利和他的陣營主張，經濟力和社會力幾乎是不相干的，相對地，是邏輯晶片（以及其他好幾種科技）的可延展性令資訊科技變得如此特別。

另一陣營就是其他所有人，包括摩爾在內。他們的觀點完全相反。他們認為「定律」只是大眾一種不可思議的幻覺，甚至誤會。摩爾曾在二〇〇五年說過，他在一九六〇年代提出他的理論後，無意中在矽谷引發了一種像旅鼠般的行為效應。「產業中所有參與者都體認到，如果他們跑得不夠快，就會落後於科技的進步幅度，所以基本上，〔摩爾定律〕原先應該只用來衡量已發生的事情，結果卻成為推動事情發生的力量。」他評論道。根據這個理論，摩爾定律比較像皇帝的新衣——如果所有弄臣都願意相信貂皮大衣和絲綢褲子的確存在，那麼皇帝就可以披著大家的共識招搖過市了。同樣地，如果很多公司都同意電腦業注定每十八個月便會進步一倍，這個自我實現的預言自然也會成真。

歸根究柢：你不可能知道摩爾定律為什麼發生。電腦的歷史不可能單獨被切割開來，獨立存在於其他人類活動，這不像摘除實驗鼠的肝臟那麼單純。我們也不可能知道，如果凱利的虛構世界真的出現，克里姆林宮控制的晶片產業會怎麼發展。因此唯一最明智可做的事情是思考這個較為實際的問題：你可以拿摩爾定律來做甚麼用途？如何把摩爾定律當作發明的工具？例如，凱依曾形容全錄的工程師怎樣想出十或二十年後可能發生的事；他們的方法正是觀察科技演化的規律和模式，並藉此推估未來。摩爾定律理所當然的成為這類思考過程的關鍵。

某種程度上也多虧了摩爾定律，皮克斯的美術人員和工程師才有膽量在幾十年前就從零開始，規畫電腦動畫。皮克斯的共同創辦人艾爾菲．雷伊．司密夫（Alvy Ray Smith）撰文說，一九七〇年代的電腦充其量只能畫畫線條，但他和同事們信心十足，認為隨著一年一年過去，這些障礙終將溶化消失。「我們……差不多四十年前就建構出第一部全數位式電影的概念。花了二十年的時間，才透過《玩具總動員》（*Toy Story*）真正實現夢想。但在那二十年間，摩爾定律才是給我們信心支撐下去的原因。」二〇一三年他這樣寫道。

可是無疑地，預測工具只不過是格雷茨基思考法成功的部分關鍵。你也必須施展神祕的布許式的巫術，換句話說，能在你腦袋中的實驗室工作，建構出目前還不可能發生的機器。你必須能夠鉅細靡遺地夢想出每一個細節，包括那個透明的顯示螢幕。

但這事情需要發揮豐富的想像能力，好像有個發電機在驅動心神般專心一志。你必須能夠將模糊的內心世界轉化為電影，學習如何將影片正著播放及倒著播放，以測試你的概念，或者時光旅行到未來。其實古早以前，人類就希望能操控想像力了，但二十世紀出現了奇怪的柳暗花明。下一章，我們將要追蹤一位離經叛道的工程師，他相信自己已找到駕馭內心世界的方法，而且將之變成一座發明工廠。

第十章　心靈深處的R&D實驗室

愛因斯坦小時候念的學校就十分先進，他從小就學會內心假想實驗的竅門。十六歲那一年他開始想像：如能跟隨一束光並排前進，會是何等模樣……

同樣在一九六〇年代初，離開恩格巴特在史丹佛的實驗室不過幾英里，另一位工程師也在進行著一些將會改變矽谷文化的實驗，但這些實驗牽涉的是心理層面，而不是機器。邁倫．史托拉洛夫（Myron Stolaroff）相信，有些藥物可用來加快和提升想像力的運作。為了理解如何提升發明家的表現，史托拉洛夫進行了一些企圖心宏大、可說前所未見的實驗，研究創意發明的過程，結果十分引人入勝，提供了很多有趣的線索，說明我們如何在心靈之眼建構全新的科技。

故事要從一九五六年開始講起，史托拉洛夫是安培（Ampex）公司的工程師兼企業規畫師。安培在美國西岸的研發實驗室因生產力高而聞名，那時候辦公室裡有一個祕密：全球第一台錄影機即將在春天推出。這個產品的主要構想，史托拉洛夫貢獻良多，原本應該沾沾自喜，但他卻經常害怕得冷汗直流。「我身材瘦少，嚴肅得要命，極為內向，經常為了不知其他人是否贊同我而發抖，緊張地遵從所有的社會規條和傳統。」他後來寫道。

這是為什麼史托拉洛夫開始進行一個激烈的祕密計畫，打算自我改造，目標是「和上帝建立令人滿意的關係」。他剛聽說有一種叫ＬＳＤ的奇怪藥物，謠傳能產生靈性的體驗。當時一般大眾對這種藥仍然一無所知，雖然合法，卻很難取得。

那年春天，史托拉洛夫匆匆趕到溫哥華跟阿爾．胡巴特（Al Hubbard）會面。胡巴特是加拿大人，經常在公寓住宅或旅館中低調進行藥物實驗。在這次ＬＳＤ旅程中，史托拉洛夫經歷了一趟心靈覺醒的經驗，和聖靈達到天人合一的高深境界——他找到了上帝。奇怪的是，還有另外一個他認為是關鍵商機的發現，可讓安培擁有凌駕對手的優勢。

說到尋找新商機，史托拉洛夫還真的很有天分，甚至可說是高瞻遠矚。一九四〇年代，著名的２００Ａ型磁性錄音機的錄音頭裡面的電子線路，就是由他設計的，傳奇藝人平．克勞斯貝（Bing Crosby）表演時也採用這款錄音機。史托拉洛夫曾經跑到白砂火箭測試中心和專家交流，發現可以用磁帶錄下起飛時的數據，就此為安培打開了一個新市場。

工程師的迷幻之旅

史托拉洛夫似乎永遠都能為公司辨識出快人一步的優勢和商機，而現在嘗過了ＬＳＤ的感覺後，他認為這種藥物有助於心靈之眼更加專注，他深信安培的工程師能因此解決許多業界還未解開的問題。「在ＬＳＤ狀態中，心靈可達到極為敏銳清晰的境界，」他後來寫下，「新鮮想法和觀點的流動暢通無阻，許多新的可能性自動出現，通常都極有價值。」這藥物是「人類最偉大的發現。」他斷定這是想像力的重要關鍵。他覺得ＬＳＤ可被當作驅動創意發明的火箭燃料。

如果說以這樣的方式看待藥物十分古怪，那麼以這種方式看待工程師，就更不尋常了。在一九五〇年代，工程師仍被看作捲起袖子在工場苦幹實幹的人，就像愛迪生任勞任怨的手下，總是聽命從事，後褲袋裡隨時有一把螺絲起子。但史托拉洛夫看到新時代的來臨，需要一種新形式的想像思維。能夠創造出最鮮明心靈圖像的科學家和工程師，就是能設計未來的人。

當然了，史托拉洛夫對控制心靈的探索，絲毫不是新鮮事。早在公元前一千四百年的古希臘，德爾裴的神廟就因會算命的女祭司而聞名。傳說女祭司會跑到地下洞窟，吸入從地面縫隙冒出來的煙霧。二〇〇二年，一隊研究人員發表了一篇內容聳動的論文，說德爾裴神廟位於兩條斷層線之上；好多世紀之前，地底石油化學沉積物排放出氣體，上升到洞窟地表。這氣體應該就是會引起幻覺的乙烯，女祭司的預言也靠它啟發。

但藥物不是提升想像力的唯一方法。數學家、科學家或天文學家都靠自我訓練，來提升專注力，他們不斷練習，直到能在腦海中喚出不同世界的圖像。十六、十七世紀，當伽利略企圖證明地球自轉時，他「看」到的心靈圖像簡直可寫成奇幻小說。他在心靈實驗室中打造了一艘在海洋中航行的船隻，然後沿著梯子爬到甲板下面的艙房，在那裡，蝴蝶翩翩飛舞，舷窗外微弱光線透進來，因蝴蝶翅膀拍動而明暗不定。伽利略為了證明他的觀點，將想像的蝴蝶放到想像的船艙中。他辯稱，蝴蝶並不知道自己身處航行中的船隻，一如人類行走在地球上時，並沒感覺到地球在太空中旋轉運行。當時，假想出來的情境可被用來說明科學概念。

到了十九世紀，人們對想像實驗十分熟悉，有時連學校裡也會教這個方法。愛因斯坦小時候念的學校就十分先進，他從小就學會內心假想實驗的竅門。十六歲那一年他開始想像：如能跟隨一束光並排前進，會是何等模樣？成年之後，大家都知道，他運用想像力在疾駛的火車、緊閉的箱子、碼表、電梯和甲蟲等形成的國度中遨遊飛翔，發展他的想法。

最會天馬行空的發明家特斯拉，內心也藏著一個華麗非凡的假想實驗室。年少多病的他，經常躺在床上，在黑暗中等待那永不到來的睡眠，特斯拉學會了「用心看」到不存在的精巧世界：「每個晚上（有時甚至大白天）獨自一人時，我會開始我的想像旅程——看看新的地方，未去過的城市和國家，住在那裡，認識新朋友。」他寫道：「我不停這樣做，直到十七歲那年，我的思想轉到發明上，而且我是十分認真的。然後我很高興地察覺，我可以輕而易舉想像事情，不需要任何模型、圖畫或做實驗。我可以在心裡看到它們的圖像，好像真的一樣。所以一種新方法在我的潛意識裡逐漸演化，可以讓創意發明的概念和想法在我心裡具體成形。」特斯拉大力宣揚這個心靈工廠，他優游其間，隨時測試想到的機器，並修改到完美：「在我畫草圖之前，整個構想已在我腦中全部設計好了，我在心裡更改它的構造，改進設計，甚至操作這部機器。」

腦子裡的神奇電路板

醉心發明的人自然會夢想擁有某種科技，來促進「心靈之眼」的運作。特斯拉一直想發明一部照相機，能拍下我們想像世界裡的影像。「『我預期以後能夠拍攝心裡所想的畫面。』特斯拉慎重地宣布。」一九三三年一位報章記者如此報導。伴隨這篇文章的插圖顯示一位發明家和一部機器用心靈感應的方式溝通，機器很像我們的投影機，而他的「心靈圖像」則顯示在屏幕上。

夢想仍在繼續。顛覆汽車工業的發明家伊隆．馬斯克（Elon Musk）設計了一套系統，你只要像指揮家那樣揮揮手，螢幕上的設計圖（也許是機器部件）就會依你的意思彎曲、塑造不同形狀，然後再把該物件列印出來。「就設計和生產而言，我相信我們正面臨巨大的突破，我們可以將心中的點子，直覺地在電腦上轉變為3D物體。」他在錄影示範中說。

我多年前念研究所時，就夢想能擁有一部能加強想像力的機器。當時我正痛苦掙扎著要完成一本小說，老覺得句子從我的指頭湧現後，立刻變得灰暗發霉，故事一直寫不成功。一個晚上，我累極睡著，睡夢中看到一個綠色塑膠電路板，上面鋪滿金線以及像漂亮糖果的電容器，我只要打開電腦，裝上這片神奇的電路板，它就會幫我做所有的苦工，把模糊的故事大綱變成七彩斑斕、生動奇幻的情節，接著一部天縱英才的作品從我手指飛出來。醒來後發現電路板根本不存在，真令人傷心。房間的另一頭，我的電腦就呆坐在那裡，又胖又笨且灰沉沉的。接下來一整天我又得努力敲打電腦，繼續迷失在自己的內心世界，感覺十分挫敗。

當然，某種程度上，我確實擁有那片神奇的電路板，其實每個人都是如此。我們的腦子原本就被設計為具有模擬實境的能力，容許我們測試瘋狂的想法。可是同時，所有人都覺得腦子不夠用，無法完全達成我們的期望。

這就是為什麼史托拉洛夫會那麼興奮。他相信自己已經發現了幾百年來無數人都在追尋的東西：能提升「心靈之眼」表現的推進器。

第一次迷幻旅程結束後，史托拉洛夫衝回加州，急著跟安培的同事分享他獲得的啟發。在公司經營大會上，他又向董事會成員以及公司總裁極力誇耀，說他發現了一樣祕密武器，可以將公司推上電子業界的頂峰。計畫就是：由安培發放LSD給公司的工程師。

可以想像會議室中各人的反應。有人立刻指出，LSD還未經過詳細檢驗，可能對人腦有害。而且安培哪裡還需要提升工程師的才能呢？單是錄影機的訂單就已經多到接不完，錢財滾滾而來。眾經理人皆勸史托拉洛夫冷靜下來，忘記他的迷幻旅程，回去好好工作。

但史托拉洛夫跟其他工程師敘述ＬＳＤ的效應時，他們都躍躍欲試。在內華達山區一間小木屋，八位安培工程師聚在一起參加史托拉洛夫的實驗。他們進入ＬＳＤ旅程，強迫自己心靈專注在藍圖和線路上。根據史托拉洛夫的說法，好幾位工程師都覺得期間出現了創意上的突破。帶著這些「證據」，史托拉洛夫再次試圖說服安培的管理階層。他們仍不為所動。

這是典型的局外人對決局內人的時刻。史托拉洛夫恍若自己常使用的天線般振動不已，接收到剛開始醞釀的迷幻革命的訊號。在一九五〇年代，他替工程師下藥的計畫為資本主義發展史增添了瘋狂怪誕的一筆。但其實他頗有先見之明，預料到新一代的工程方法即將興起，新思維將結合藝術才華和科幻小說家的想像力。到了一九六〇年代，就在摩爾定律主宰了矽谷之後，你不能單靠工程技巧生產優秀產品；你還必需活在未來，能猜想到十或二十年後的可能發展。想像力——特別是那種充滿野性、自由奔放、一旦遭受束縛即會凋萎的想像力——將會成為企業追捧的稀有商品。要成功，你必須像德爾裴神廟女祭司般能帶來神諭，你必須吸入洞窟的氣體。

但史托拉洛夫的老闆仍一點都不想碰這檔事兒。

於是，史托拉洛夫後來寫道：「一九六一年我從安培辭職，成立了一家非營利公司，勇敢又天真地命名為國際高等研究基金會，辦公室和研究室就設在加州的門洛公園市。」實驗室鋪了波斯地毯，備有眼罩、耳機、畫畫用的本子，以及一部極為高級的音響系統。

「每天早上我去上班，車子停在門洛公園市區的停車場，就在公司建築的隔壁。」史托拉洛夫回憶那段日子，這樣寫道。漫步走向辦公室途中，看到其他剛停好車子的購物客，他忍不住暗笑：這些人怎麼沒注意到在美容院樓上進行的事情？在那裡，一些北加州的頂尖創意人吞服LSD和梅斯卡林（mescaline，譯注：三甲氧苯乙胺，為一種迷幻藥）。當時美國政府還沒開始管制迷幻藥，這一切都完全合法。「沒什麼人對我們的工作好奇。」史托拉洛夫寫道，為了他的革命性實驗沒有引起更多爭議，而忿忿不平。

他成功招募了一批在史丹佛校園出沒的工程師、物理學家和一些電腦開路先鋒，斯圖爾特．布蘭德（Stewart Brand）即是眾多名人之一，另一位是恩格巴特。還有惠普的工程師艾爾文．文德曼（Irwin Wunderman），他的綽號是「電晶體先生」。他們都在史托拉洛夫的指導之下，嘗試迷幻藥。他們之所以會被吸引過來，全因為渴望提升工作表現，或者能突破遇到的技術難題。

啟蒙時光

其實，史托拉洛夫找來參與這場心理實驗的，是一群很不尋常的專家。例如，史托拉洛夫的主要夥伴威力斯．哈曼（Willis Harman），是一位電機工程師，也是史丹佛大學SRI的長期規畫師，他曾經領導一組「未來學家檢視全球出現的各種轉變，協助企業和政府機關進行規畫」，多年後哈曼接受採訪時說：「這樣工作了兩年之後，一名部下跑來跟我說他要辭職了，因為他再無法容忍……日復一日進辦公室來都在觀看未來。」他和史托拉洛夫體認到，預測未來和「心靈的R&D」都要求專心一志，而這非常令人疲累，所以他也好奇，有沒有辦法提升這種心靈上的能力。

根據協助實驗進行的詹姆．法迪曼（Jim Fadiman）表示，實驗的目的是要「看看能否使用這面迷幻透鏡，緊密專注在一個科學議題上。」法迪曼當時是史丹佛大學心理系的研究生，「我們從附近的公司找來一些資深科學家，他們正在開發各種產品。」

這些志願者拿到一組藥物，除了LSD和梅斯卡林，還有利眠寧（一種抗憂鬱藥）、安非他命等藥物，進行一整天的聚會。回頭想，他們吞下這麼多藥之後還能思考運作，真是不可思議，但這就是當時的情況。

在一次早上聚會中，主持人挑戰該小組，能否特別針對黑膠唱片的磨損問題，重新發明一個留聲機系統；因為每次播放音樂時，唱針都會讓唱片增添一點磨損。當下，各人一邊聆聽他們企圖改善的留聲機所播放的立體聲音樂，一邊沉思。突然，唱針碰到唱片上某個缺陷點，發出劈劈啪啪的失真聲音。其中一位組員特別因這雜音而煩躁不已。（研究人員給他的代號為H會員）這位組員告訴其他人，他剛剛想像自己就是那根唱針，遊走在黑膠唱片的聲音紋路中，隨著音樂的振動而顫抖，感覺極端不舒服。他因為唱針不斷磨著唱片，感到很沮喪，決定將自己變為一架小飛機。現在，他宣布，他隨著唱片的旋轉，在它的上空飛翔。這感覺好極了！他覺得好多了！

接著一位代號為G會員的志願者提出一個點子：如果可以使用不會刮傷唱片的材料來製造唱針，會怎樣呢？延續H會員的狂想，G會員建議使用一束光來讀取刻印在唱片上的音樂。這真是一個創意十足的想法。幾年前，雷射科技才剛被發明出來，當時仍然只在實驗室裡使用，尚未進入任何消費產品中，但現在一群吃了迷幻藥的探索者忽然想到一個點子，準備改造唱片工業——雷射的確能用來取代唱針。幾個工程師繼續討論，如何設計用雷射光束來偵測訊號，其中一些人進一步提出方案，以光脈衝來傳送音樂資訊。

這次聚會的相關報告於一九六五年公布。一年後，一位名為詹姆斯・羅素（James Russell）的物理學家申請了第一個「光－數位錄音及播放系統」的專利。羅素的發現和G會員提出的想法十分相似！

參與這項研究的人對下午舉行的聚會最感興趣，因為在這時段，他們可自由探索。連續三小時，每個人會進入冥想狀態，同時思索一個正在困擾他們的難題。他們稱這幾小時為「啟蒙時光。」

共有二十七位志願者參加過啟蒙時光的實驗，他們的任務是要提出有創造力的發明或設計；後來其中十位報告他們解決了一個問題，其他人則大都有明顯進展。結果出現了好幾項發明，其中一位志願者領會到如何改良磁帶錄音機；另一位重新設計了切片機（一種機器，可將樣本切成薄片以供在顯微鏡下檢視）；還有一位想到如何引導粒子加速器內的電子。其他的創作則包括了藝術中心的建築圖、關於光子的新理論等。一如史托拉洛夫所預期，這些迷幻會議產生了令人印象深刻的結果。但很不幸的是，他和他的研究團隊忽略了應該另外進行對照組的研究，因此我們無從知道，倘若志願者吞服的是安慰劑、而不是迷幻雞尾酒的話，會發生甚麼事。有可能這一群天分極高的工程師和設計師在完全清醒的狀況下，還是會有同樣的好表現。

關於ＬＳＤ和創造力的問題，五十年來仍然沒有答案。在史托拉洛夫之後，幾乎不可能再重複他的實驗了。一九七〇年美國立法，嚴禁在人體上試驗那些藥物，國際法律也不容許在其他國家進行類似實驗。

但情況正開始改變。過去幾年，有幾個機構的科學家獲得准許，得以進行迷幻藥的臨床試驗。二〇一五年間當我快完成這本書的寫作時，威爾斯的卡迪夫大學（Cardiff University）重啟了類似史托拉洛夫的實驗；研究人員找了一批志願者，想找出ＬＳＤ對他們的影響，對創意突破有沒有幫助。志願者服下藥物後，接受腦部掃描，接著他們得嘗試進行一連串想像實驗。我在寫這段文字時，實驗結果仍未發表。其中一位研究人員羅賓・卡哈特哈里斯（Robin Carhart-Harris）斷言：「弄清楚在迷幻藥影響下提升認知能力的腦部機制，可以提供寶貴的洞見：也許這些藥物可被用在心理方面，例如在心理治療時協助病人釋放情緒，或有可能提升創意思考。」

當然，不論實驗有什麼發現，藝術家、詩人和發明家均會繼續尋求提升想像力的藥物。千百年來，人們一直服用各種化學物品，企圖跑得更快、跳得更高，也服用過能提升表現的藥物，以扭轉想像過程。我們永遠希望心靈之眼能更強大有力。從人類為了這目的而吃過的顛茄到樹皮的各種東西，就可看出，這股欲望是多麼強烈。和自己的想像力掙扎的過程往往令人疲累或感到挫敗，難怪很多人都想走捷徑。

一般人都假定，創意想像總是歡樂的，是心靈的主題樂園。我們會說做白日夢而忘我或進入幻想中。可是很多人覺得待在自己的內心世界是很痛苦的事。近期一個研究顯示，大概四分一的女性和三分二的男性寧願忍受電擊，也不要獨處沉思十五分鐘。對很多人來說，用腦袋想像事情好似要他們攀登珠穆朗瑪峰般，風景的確超凡入聖，但空氣太稀薄了，呼吸困難。

作為長期教授寫作的老師，我很榮幸有機會觀察大學生如何學習探索內心世界，為了發掘其中的金礦，而先忍受諸般痛苦。多年前我有個打美式足球的學生，他能隨口引述電影《教父》（*The Godfather*）的對白，他上第一堂課就吹牛，說他已想好一部電影的所有情節。「我只需要把它寫下來。」他告訴我。

一星期後，他拖著沉重腳步到我辦公室來，跌坐在椅子上。「整個東西都在我腦子裡，可是每當我嘗試把它寫出來——呀啞啞啞。」他緊握拳頭咆哮，想告訴我字句怎麼打結卡住了。

我很清楚發生了甚麼事。他「感覺」到那個故事；聽到音樂在他心裡播放；但他不知道如何進行接下來最費工夫的部分，就是實實在在地建構起整個世界，讓各個角色活起來。「告訴我，故事開頭講些甚麼？」我問他。

「一場車禍。」他說。

於是我帶著他，要他回答所有我會問自己的問題：我們是從警方的直升機往下看這場車禍嗎？抑或從車禍現場某個躺在地上的傷者的角度？空氣中的氣味如何？救護車抵達了沒？如果抵達了，現場是否閃著紅色的明亮燈光？用電影手法講故事，你必須弄清楚幾百個類似的細節。

其實，就算是最粗略的內心模擬，都可能需要耗費極大的力氣。在心裡轉動一個立方體都可令人疲累萬分，你現在就可試試看我說的對不對。想像有個立方體以其中一個角立著，你想讓它旋轉個幾度，「看」著它如何轉動。當我這樣做時，我的立方體會「跳」到我最容易想像的位置，但大半時候，它一下子就消失不見了，而且這樣做的時候，我會胡思亂想，覺得很沒信心。你大概也感覺到需要花很多力氣，需要發揮意志力，才能在心中構築出一幅圖像。

想像未來同樣花力氣。看看你現在身處的房間吧，試一試「快轉」到十五年後？要做好這件事，你需要問自己無數個問題：外面的空氣還能呼吸嗎？人們怎麼樣互相連繫？美國還存在嗎？等等等等。你會注意到，一旦開始想像未來的細節，你已經在講故事了。我們內心的R＆D實驗室具備了講故事的特質。如果你正在發明一部未來機器，你就需要講個關於使用者的故事：他們生活在哪裡？擔心甚麼？他們渴望的是甚麼？下一章，我們要探討為什麼科幻小說和電影能提供科技構想，而講述未來的故事，為何又可成為一種發明工具。

第十一章　如何時光旅行

在英特爾專責研究未來的布萊恩．大衛．約翰遜就鼓吹大家用寫故事、拍電影或畫卡通等形式，「看到」新的機會……

一個多世紀以來，科幻小說和創意發明好像經常處於「量子糾纏」的狀態，你無法單獨描述其中之一而忽略另一活動。一些科技從實驗室冒出頭來的同時，也在通俗小說中出現。「今天的狂放虛構——明天的冰冷事實」，這是二十世紀初《驚奇故事》雜誌（*Amazing Stories*）的口號。當年，這份雜誌幫助很多人管窺未來世界的另一端，了解諸如電視機等神奇事物。創辦人雨果．根斯巴克（Hugo Gernsback）出版過好幾份科幻雜誌，提倡他稱為「科學化小說」（scientifiction）的新故事類型，是一種介乎工程和虛構小說之間的文學。他一邊出版講述時間旅行和星際艦隊的雜誌，一邊為發明家出版期刊，有一期還用特斯拉為封面。

確實，數以百計、甚或數以千計的科技一開始是以故事或電影道具的形式出現，然後才在不知不覺間轉假為真。早期《星艦迷航記》電視影集中的醫用三度儀（tricorder）看來十分可疑，似乎是用卡帶錄音機加鹽瓶湊合而成，但（在影集中）展現離奇的功能，感染了大眾的想像：它可穿越皮膚，深入人體掃描探測，得出正確診斷。據說《星艦迷航記》的創作者羅登貝瑞（參見第八章）為了激勵真實世界裡的工程師，和迪西路／派拉蒙製片公司（Desilu/Paramount）簽約時特別增加一個條款，容許將來實際創造出電腦化手持診斷工具的人使用「三度儀」這個名稱，希望他的小道具能扮演產品原型的角色，而實際情況也確實如此。目前有好幾家企業正競相開發出實際可用的三度儀。

科幻小說能預測或推動某種新科技的需求，我們對此大概早已習以為常。比較乏人談論的是：發明家也經常做同樣的想像練習。在英特爾（Intel）專責研究未來的布萊恩．大衛．約翰遜（Brian David Johnson）就鼓吹大家用寫故事、拍電影或畫卡通等形式，「看到」新的機會，他稱這種技巧為「科幻小說式的原型設計」。我們可以「借用這些小說，讓自己想像未來有朝一日可能發生的情況。」他寫道。

我們在前面章節中看過，矽谷早已接受了穿襯衫、隨身帶著口袋護套（保護襯衫口袋，萬一筆漏墨水不會弄髒）的工程師同時也以愛做夢的預言家形象行走江湖。隨著電腦晶片和摩爾定律逐漸滲透到其他各個領域，科幻小說的思維也出現同樣的效應。

發明家的兩個祕密

也許沒有人能比阿特蘇拉更懂得如何巧妙地應用這種思維了。阿特蘇拉是二十世紀中葉蘇聯很受歡迎的科幻小說家，立志要重新發明、改造發明本身。我們在引言中稍微提到過，阿特蘇拉大半輩子都生活在歐洲和亞洲交界的山區。心理上，他也居住在邊界。他極可能是史上第一位利用科幻小說式的預測手法、認知科學，以及科技（例如飛行）系統發展歷程的深層知識，創建出一套發明公式的人。雖然企業界點點滴滴地發現了阿特蘇拉的方法並大為驚豔，但沒幾個美國人察覺到他的存在，而這正是我希望矯正的疏忽。一九五〇年代，阿特蘇拉宣布關於發明的新科學誕生了。阿特蘇拉也許比任何人都更早體認到：可以研究人腦中如何出現各種機器的概念。其實他真的應該被尊稱為發明學之父。然而，他的文章大部分仍未譯成英文。因此在這一章，我們會嘗試說明他為這門新學問奠下的基礎。

一九三〇年代，少年阿特蘇拉經常流連於巴庫市內鋪了鵝卵石的街道迷宮之中。巴庫東臨裏海，他每天看著海景以及分布四周有如玩具般的石油平台，加上閱讀凡爾納的小說，在他腦袋裡餵滿想像力的養分。十四歲那年，由於《海底二萬浬》（*20,000 Leagues Under the Sea*）的啟發，他開始發明東西，畫設計圖。「尼姆艦長在海床上漫步，所以我們需要耐壓力的衣服。」他想，便設計了一套潛水衣。

到了二十歲，他加入了蘇聯海軍，但看起來還像個瘦小孩，頭上罩著的黑色海軍帽彷彿塞子般，將一堆沸騰不已的點子封在他的腦子裡。艦隊顛簸通過水域，引擎喘著氣，永遠需要天才幫忙修補，阿特蘇拉自然而然成為艦上的萬能修理師。他的奇才吸引了上級注意，沒多久就被找去巴庫海軍基地的專利辦公室當查核員，每天翻閱一疊疊申請企畫案，各種發明都有：航天的啦、醫藥的啦、武器的和化學的等等。許多自詡為發明的設計其實都差勁透了；他只需瞄一下文件中的藍圖，就知道那樣的機器根本行不通的。最後他開始疑惑，失敗和成功的發明究竟有何分別。真正的發明家為什麼能解決一些其他人束手無策的難題？他和好朋友拉法爾．薩皮洛（Rafael Shapiro）在圖書館不斷梭巡，尋找答案。

一開始他們假定會找到很多很多談論發明技巧的書。畢竟，「書架上滿滿都是講專利法律和專利研究的書……〔因此〕那裡關於發明家的心理、創造力，關於解決問題技巧的資料，應該有十倍多才對呀。」阿特蘇拉後來說。相反地，他沒發現甚麼有用的相關材料。

大約在一九四五年的某一天，他突然如大夢初醒，原來發明能否成功的奧祕一直都在他的眼前，就藏在專利的系統裡。他醒悟到，我們設計的東西，正提供了理解人腦最有價值的線索，一如每部機器都改良了前一部機器，科技就這樣隨著歲月流逝而逐步演化——換句話說，專利系統反映了人腦最高峰的表現。就像在高山挖礦脈般，如果你知道如何挖掘搜尋線索，或許就能找到創意的核心原理。

今天，在大數據的年代，我們當然明瞭這種分析的價值。但在一九四〇年代，沒什麼人會嘗試靠數據探勘，挖掘出答案。阿特蘇拉這個亞塞拜然人，家裡既沒有電話，也沒太多管道得知外界的訊息，卻想通了透過分析大量數據來找出規律的強大威力！連續兩年，他窩在專利辦公室裡爬梳資料，晚上則睡在圖書館裡，偶爾回到父母家累癱在床上。他就這樣和整個專利系統搏鬥，後來宣稱挑選出二十萬份專利檔案，他覺得裡面包含了成功解決問題的線索，而他讀完其中四萬份，企圖從中尋找規律。

檢視過去的藍圖，他得以追蹤一些偉大突破的來源，觀察發明家如何往前邁進，例如他可能研究一份專利，看到一名機械工人如何將引擎弄在腳踏車上，企圖打造出第一輛摩托車，然後隨著其他創意心靈將點子繼續改進，這個概念如何擴散開來。到了一九四〇年代末期，他已將從專利系統學到的所有知識精煉為一套原則。「發明家永遠懷抱著兩個祕密。」一九六一年間他寫道。「第一個祕密當然是催生出新科技或至少改良現有科技的創意洞見。「第二個祕密是他們怎樣創造該項發明……長期以來，海員畫出海圖，標示洋流的動向和哪裡有沙洲和岩礁……好讓每個人知道〔危險〕。而幾百年來，發明家沒有任何地圖指引，悶著頭勇往直前，每個剛入門的新手都重複同樣的錯誤。」他觀察到這一點。現在，阿特蘇拉要替他們畫出地圖。他相信這張地圖能保護下一代不會糊裡糊塗地撞上沙洲，能指引他們航行在開闊的大海中，發現科技知識的新大陸。

可是，就在他忙著將他的創意系統付諸實施，好發明一些新奇科技時，他卻被憲兵抓起來，丟進監獄，罪名是煽動叛亂。我們將在本書第五部，回到阿特蘇拉的故事，看看他為何被史達林視為威脅政權的危險人物，以及這件事告訴我們的「發明政治學」。但現在，暫且先快轉到一九五〇年代中，阿特蘇拉從沃爾庫塔監獄被放出來，回到位於巴庫的家，重新繼續他的聖戰，破解發明的本質。

出獄後，阿特蘇拉窩在他的公寓裡，瘋狂地打字。他下定決心以科幻小說寫作維生，而到了一九五〇年代末他的確還滿成功的，用不同筆名出版了不少小說；最終成為當時俄國最有名的科幻小說家。

他認為他的小說不只是娛樂而已，也為未來可能出現的機器勾勒出藍圖。「從我小時候起……科幻小說就決定了我的人生，（對我而言）有如一種宗教，」他在一九六四年寫給朋友的信裡透露心聲：「我比較喜歡預言式的科幻小說。」他說，因為作者可以「著眼未來，想看得多精確和看得多遠都可以。」

他在一九六六年發表的《驢子的公理》（*The Donkey Axiom*），就是特別讓人印象深刻的預言式科幻小說，裡面介紹一 3D列印表機，能夠使用粉末製作出物體來。他在故事中解釋：看看歷史趨勢，就會知道個人工廠（換句話說，3D印表機）一定會在二十一世紀誕生。他指出，改進的循環不斷加快，他想像到了某個時間點，傳統的大規模工廠將無法追上科技突破的速度。在「彩色電視機發明後……數以百萬計狀況良好的（黑白）電視機遭到丟棄。」阿特蘇拉預測，沒多久彩色電視機也會變得過時，也會被捨棄，大家開始買「立體電視機」。到了二十一世紀，他預言，產品過不了幾天就會過時，然後消費者必須不停更新所需的科技，「無情地丟掉數以億計的新機器，只因它們不再是最新版本。」到那時候，產品會用粉末來製造，才能不停毀掉又重製。他的先見之明簡直有點令人不安，只不過依循邏輯，就預見科技會發展到今天的景況。阿特蘇拉和布許一樣，能夠在心裡架構出全新的科技，比他的時代快了幾十年。

一九六〇年代，阿特蘇拉開始呼籲成立「科幻創意登記簿」——有點像為想像出來的科技設立專利登記系統。他坐言起行，開始整理名單，列出在未來式科幻故事裡出現過的機器，追蹤這些想法後來如何成為貨真價實的發明。「凡爾納在《海底二萬浬》裡面首次介紹……潛水艇使用雙層船殼的想法。三十年後，雙層船殼的專利頒給了法國工程師勒博（Leboeux）。」阿特蘇拉指出，凡爾納的小說已經包含了專利申請書裡提到的所有細節，那麼為什麼發明的功勞歸於勒博，而不是凡爾納呢？他辯證說，其實科幻式的虛構故事等同於對某種可能存在的機器提出臆測性的專利說明。他說：「新科學或新科技在早期發展階段，經常直接採用小說家的想法。」科幻小說「有助於克服心理障礙，不怕去思考『瘋狂』的點子。」

他愈來愈熱心，希望帶領其他人和他一起走上發明之路。一九六一年，他出版了《如何學會發明》（*How to Learn to Invent*），在書中介紹他的理論以及思考工具。後來，他的方法在英語世界被稱為TRIZ（這是俄文名稱的字頭語，原意為「有關如何解決發明問題的理論」）。一九七〇年代，他在巴庫創辦了一家很特別的學校，講授發明的思維；而當蘇聯當局勒令關閉他的學校時，他便在國內旅行，到處舉辦研討會。

來自俄羅斯的創造力系統

而雖然阿特蘇拉著作甚豐，無論在蘇聯或在科幻圈子都是個傳奇人物，到了一九七五年，他卻仍然沒有電話，於是，聯絡他的唯一方法就是直接找到他的公寓去。一天，有個青少年就這樣做了，他名叫維托．費伊（Victor Fey）。費伊曾告訴我阿特蘇拉給他的第一印象：「他大概六英尺高，肩膀寬闊，藍眼睛，外型十分地北歐。」當時費伊在念大學，特別跑來學習阿特蘇拉的系統，阿特蘇拉也就成為他的啟蒙老師。「那不是很正式的教育。」費伊說。阿特蘇拉用技術問題來挑戰他，比如說，如果我們不是在地球上鑽油井，而是在沒有地心吸引力的地方做同樣的事，會怎樣呢？「我們還會討論……歷史、哲學、心理學，甚麼都有。」費伊說。他目前是機械工程師兼協助客戶解決問題的顧問，公司位於底特律。

當年，費伊還在阿特蘇拉的研討會中旁聽，研討會可能連續舉辦好幾天，甚至幾個星期。阿特蘇拉老師會要求學生閱讀科幻小說，之後發想自己的故事。這做法主要是鼓勵他們將講故事作為創意發明的「實驗室」。他也許會要求同學想像自己住在每隔幾小時就膨脹和縮小的星球，問他們：星球上的氣候會是如何？甚麼樣的動物在這星球上會活得最好？又如果到處都找得到鑽石，唾手可得，科技的演變會受到甚麼影響？「我們每個人都盡力追上他的腳步，」費伊說，「我們試著學習在實作和思考工程、政治、文化……時，都把它看做更宏大的整體的其中一部分而已。」

許多人從蘇聯各地及友好國家（例如越南）遠道而來，投入阿特蘇拉門下，學成後回家鄉開辦自己的學校和顧問公司，慢慢將他的系統在全球各地開枝散葉。而從一九八〇年代末到整個一九九〇年代，有些阿特蘇拉的信徒開始設計套裝軟體，用以引導工程師完成TRIZ的習題，以及學習發揮想像力。隨著TRIZ逐漸普及，這套系統的名聲甚至蓋過了創始者，很多接觸到這套系統的人根本不知道有阿特蘇拉這號人物，也不知道他最初如何傳授他的想法。

費伊指出，他的老師「是非常熱衷於提升人類想像力的科幻小說家」。費伊又說，阿特蘇拉自己的想像力是如此的浩瀚寬廣，他可以在心裡架構出整套系統，然後「快轉」到未來，預見系統如何長時間演化。這種思考方式不一定能靠書本或軟體來教導。其實TRIZ只反映了阿特蘇拉的一部分想法，當他的門生也去開班授徒時，就變成阿特蘇拉的複本的複本的複本，特別是當它被翻譯成英文的時候。

儘管如此，到了一九九〇年代末和二〇〇〇年代初期，TRIZ成為企業的最愛，並進駐幾十家財星五百大企業，包括摩托羅拉、全錄和美國石油公司等。二〇〇三年，商業記者安迪・拉斯堅（Andy Raskin）報導說，這個來自俄羅斯的創意方法「本身正快速成為一種創新，一如它在全球宣揚的概念」。

阿特蘇拉就像真正的厲害工匠，永遠不會故步自封，他不停更新TRIZ解決問題的公式，幾十年後簡直已經演變為思考的「魯布・戈德堡機器」（Rube Goldberg machine，譯注：指被過度設計的機械組合）了；他的信徒以TRIZ-56、TRIZ-59、TRIZ-64等名稱來分辨不同年份出現的版本，當中有如迷宮般的概念陣列，大小都有，從影響深遠的理論到為了揭開某些題目而設計的指引。但說到哪一版本才是真正的TRIZ，目前眾說紛紜，我說甚麼可能都會得罪某些TRIZ信徒。

以下是我認為是最寶貴的TRIZ概念。熟悉TRIZ的讀者會注意到，我略過了一些令人費解或難以簡單介紹的概念。

心理惰性　阿特蘇拉很早就開始觀察及研究「會抑制創意的心理障礙」，他稱之為「心理惰性」。根據他的說法，我們的心靈被我們已知的一切所束縛，他立志研究一個個禁錮心靈的牢房。創意障礙是阿特蘇拉系統的中心，是他試圖醫治的病症。

矛盾　這是最讓阿特蘇拉著迷的心理盲點。他注意到，工程師經常相信，你必須在兩種想要的特質之中有所取捨，「不可能」二者同時兼得。舉個例子，想像你在製造一輛電動車；車子需要很多的電池動力，最好車子開個幾百、上千公里之後才需要充電。但一旦你開始增加電池數量，車子的重量也增加了，車子因而走不遠。最顯著的辦法（增加電池）好像自我抵銷了。面對這個矛盾，你的想像力可能自動關閉起來，好像再也想不出甚麼點子了。阿特蘇拉觀察到的是，當我們認為只能夠在A或B之間二選一時，我們的心智便會失能——因為我們忘記了去尋找第三、第四或第五個可能避開難題的辦法。再例如，如果你能夠將整輛車當作一塊巨大電池來使用，會怎樣呢？比方說，將它結構上某些部分（例如車頭蓋或車門）用來儲存能量？事實上，就在此時此刻，好幾組人馬正在研究這個繞過問題的聰明方法；他們試圖利用碳纖材料，將車身轉變為儲存能量的系統。從事相關研究的物理學家帕特立克·尤翰生（Patrik Johansson）指出，這想法涉及了看待電池的全新思維——不再將能源儲藏零件視為車子的負擔，相反地，電池就是車子（或手提電腦、電話）。類似的想像跳躍——跳脫取捨，直接躍入不可能——最讓阿特蘇拉高興欣喜。

「解決還不存在的問題」　摩爾架構了一個優雅、簡單的方法（摩爾定律），來預測某種科技（積體電路）。阿特蘇拉的目標則是找出演化的普遍規律和模式，可用於任何種類的科技上，以推演出未來趨勢。他利用諸如《驢子的公理》等科幻故事，作為未來式思考的實驗室。很不幸地，他預測未來科技的系統不具備摩爾定律的簡潔精練的特色。阿特蘇拉的系統是一堆混亂規則、理論、觀察趨勢的工具……等等。除了阿特蘇拉自己之外，不知還有沒有其他人能有效使用這套系統，遑論證明它真的可行了。

最理想的機器是沒有機器　阿特蘇拉偏好的解決方案，是能像魔術般順暢運作，不需要開關電鈕、槓桿、燃料，或人類的干擾介入。例如：可否設計一面窗，在室內溫度高於攝氏二十七度時就會自動打開？由於金屬遇熱膨脹，遇冷則縮小，那麼為什麼不利用這個特性，設計一個金屬彈簧來控制窗戶開關？阿特蘇拉指出，太常發生的是，工程師提出的解方都太複雜了，卻忽略了最簡單的點子。他主張發明家應了解材料科學，累積深層知識，這樣有些原本需要複雜機械的工作，發明家或可利用某些金屬和化學品來代替，簡單有效地完成任務。用對材料時，材料碰到不同狀況自會宛如內藏了智慧般有所反應，甚至自我療癒。

用「群」來解決問題　阿特蘇拉也建議學生，想像整部機器是由「一群微小侏儒所構成」。這群小神仙同心協力完成工作，例如幫齒輪上機油或製造電流。如果能夠訪問這些小神仙，他們會說些甚麼？他們如何解決問題？其實這個方法預見了奈米技術的發展，成群微型機器合作完成任務。

最理想的最終結果　阿特蘇拉建議，被技術問題困住時，你應該拋開物理規則，天馬行空地幻想一下。如果你希望只花五分鐘，就能從柏林走到波士頓，你可以將地球縮小到幾條街道的大小。如果你想將水運到山頂上，也可以命令河水往山上流。你也可以隨意使用黃金、鑽石甚至獨角獸頭上的角！他的洞見是：我們藉由擁抱不可能發生的理想情況，改變了看事情的角度，以更開放的心態面對新策略，尋找新方案。

再舉個例子吧。有一條U形管子，而你需要在管子的內面漆上油漆，你會怎麼做？一旦開始想到漆油漆，你的思考便會跳到油漆刷上面，接下來很容易掉進一個陷阱裡，假定必須使用刷子，才能解決問題。

但如果你擁有會魔法的油漆呢？如果油漆會聽你的命令，那麼你可以向油漆大喊：「飛到管子裡，黏在管子內壁上！」於是油漆會乖乖跳出桶子，蠕動著進入管子裡，聰明地按照你的意思黏在該黏著的地方。結果這場幻想很有用，有助於重新定義問題，因為只要你開始想像油漆飛越空間，就可以放掉油漆刷的概念，啟發你開始想像各種油漆飛來飛去的可能性。比如說，可以將管子垂直放好，一端塞住，在另一端放個漏斗，讓油漆從漏斗灌進去，直至灌滿。這一來，你可以藉由地心吸引力和壓力，命令油漆完成你的願望，黏附在管子內壁，接著只要將塞子拔掉，倒掉多餘的油漆，管子內壁便漆好了。

我愈來愈相信，ＴＲＩＺ是一種「麥高芬」（MacGuffin，譯注：電影用語，指有助劇情推展的人、事或物）。阿特蘇拉創造的這套系統，將注意力從阿特蘇拉本身、從他經歷的政治鬥爭（第十五章會回到這部分），也從他企圖開發全新學問的努力轉移開來。在西方，ＴＲＩＺ成為企業界的寵兒，但阿特蘇拉的形象則日漸模糊。甚至許多使用這套系統的人，也不大知道他的生平和文章，更不用說他想創新學問的夢想了。真是太可惜了，因為他提出來的問題，有時比ＴＲＩＺ提供的答案更引人入勝呢。

一九五六年，阿特蘇拉和他的朋友薩皮洛在俄文期刊《心理學問題》（*Problems of Psychology*）發表了一篇宣言。透過這篇論文，他們首次提出一門新學問，就是「發明學」。在西方，這篇文章到今天依舊籍籍無名，但儘管鮮為人知，這宣言卻代表了發明學誕生的時刻，一切突破奠基於此。他提出的想法在當時來說簡直離經叛道、令人驚訝：

一、發明的技巧是可以學習的。

二、想研究發明的心理，你必須研究被發明的事物。阿特蘇拉和薩皮洛說：「研究跟創意發明有關的心理時，必須同時研究科技發展的基本定律。」

三、有志於發明的人應該先回顧一下，過往的突破如何導致今天的科技，從中可學習很多技巧。「替活生生的人動手術之前，外科醫師花很多時間在解剖教室裡學習。同樣地，發明家必須有系統地分析前人的發明。你也必須了解科技的歷史，熟悉每一種科技的轉變和發展。」阿特蘇拉和薩皮洛寫道。

這篇文章發表時，有興趣了解創意和想像力等議題的學者還寥寥無幾。甚至遲至一九五〇年，美國心理協會主席基爾福特（J. P. Guilford）仍在哀嘆，對於人類創意這種心靈顛峰的運作，心理學界幾乎沒有什麼可發表的。

可是到了一九七〇和八〇年代，少數美國心理學家開始問阿特蘇拉問過的類似問題了。他們不大可能受到阿特蘇拉的論文的影響，因為直到那時候，他寫的東西極少（應該是完全沒有）被翻譯成英文。西方學者剛好也開始對這些心理祕密產生興趣。但由於他們是心理學家，他們的問題從心靈開始，而非從科技開始：哪些因素可能會抑制創造力？甚麼又是創意阻塞？甚麼樣的實驗能告訴我們人類到底如何發明？

當時只有一小撮人專門研究創意發明這個題目，但他們做出一些影響深遠的結果，直到今天依然引起回響。

壞點子的無窮威力

德州農工大學一位心理教授史蒂芬・斯米夫（Steven Smith）推論，壞點子對我們的傷害可能比想像中大得多。斯米夫注意到，一九八〇年代許多工程師和產品設計者經常錯把陳腔濫調當成天縱英才的突破。他們找尋原創的方案時，往往不自覺的抄襲一些已經失敗過的常見概念。

斯米夫和他的同事稱這個問題為「設計固態」，並設計實驗研究這種心態。是否可能用壞點子來影響工程系的學生，看看壞點子會不會抑制他們解決設計問題的能力？為了做這個實驗，他需要找個學生從未遇過的挑戰，最後他選擇的是外帶咖啡。

這是花稍的咖啡店還不普及的年代，不像後來全美國大小城市街上紛紛冒出一家家咖啡店。那時候，當你在餐廳點外帶咖啡時，咖啡會裝在保麗龍杯子裡，上面用一個扁平蓋子封住，若是大口喝下去，很容易會燙到舌頭。「今天，對於這個問題，星巴克和其他咖啡廳已經找到一百萬種解決辦法了，我們也看過很多很有創意的咖啡杯。」他告訴我。但在一九八〇年代，外帶杯亟需改善，所以斯米夫決定把重新設計外帶杯拿來當作測試學生的題目。

他將學生分成兩組，跟他們說明考題。不過，他先讓第一組看一個壞點子的草圖——草圖上的外帶咖啡杯配了一根吸管；同時叫學生不要複製這個設計，因為用吸管喝熱咖啡簡直愚蠢兼白癡。第二組同學則全然空白地面對挑戰，沒有看過設計圖。

一如斯米夫所懷疑的，第一組學生的心思似乎無法擺脫錯誤答案的糾纏；他們設計的杯子還是採用了吸管，儘管他們明明知道這樣設計會令顧客燙到嘴巴。原本那張設計圖不知怎麼地把他們迷住了，一旦看到圖樣，要再想出原創的點子就有困難。另一方面，第二組學生就比較能想到新奇有效的方案來解決外帶杯的問題。

「如果我給別人錯誤訊息，他們會死死抓住那個誤導他們的線索，以至於更不容易找到正確答案。」斯米夫解析說，「你甚至可以告訴他們這是錯誤的訊息，結果沒什麼分別。就算知道你給的提示很糟糕，他們還是忍不住用它來找答案。一旦你知道了某些事情，你就無法『停止知道』這些事。」

斯米夫的研究有助於了解，為何團體迷思（groupthink）是那麼狡猾危險了。當我們看到別人的拙劣設計時，我們還是有可能接受他的設計概念。為什麼呢？因為我們的腦袋喜歡捷徑。丹尼爾·康納曼（Daniel Kahneman）在他才氣煥發的《快思慢想》（*Thinking, Fast and Slow*）一書中提出了「最少努力法則」——意思是，我們永遠傾向避免心力操勞，因此如果有個想法輕易浮上心頭，我們就會直覺地認為一定正確——儘管它明明是錯誤的。由於你腦袋中的線路結構要你採取最短的路徑來解決問題，因此你的腦袋會抓住簡單的問題（例如「我可以如何改進這根吸管？」），以逃避困難的思考過程。這樣一來，你可能完全錯過更關鍵的問題，在這個例子中應該是：「我應該如何重新設計飲用的機制，讓熱咖啡離開杯子時可跟空氣混合，以降低溫度？」第二個問題驅使我們腦袋動工，而腦袋並不喜歡這樣，於是我們選擇緊抓住熟悉的解決辦法不放。

心理上的固著威力甚大，有時會感染整個組織，甚至整個業界，數以千計的設計者「分享」著同一盲點。斯米夫提到一個例子：早期鐵路上的火車車廂，看起來就像多輛馬車用鐵鍊拴起來似的。從一個車廂走到另一車廂，列車員必須跳過去，冒著跌落地面或碰觸到火花和煤渣的危險。耗費了幾十年的工夫，發明家才為這個看來簡單的問題想到解答。為什麼？「當你從一種科技轉到下一種科技，你背負著前後連接的包袱。」斯米夫說。從小乘坐馬車的人，無法理解蒸汽機帶來的新機遇。他們看到火車時，看到的只是一串沒有馬匹拖著的車廂而已，他們還沒想到可以用管狀走道把車廂連接起來，車廂之間就可以安全走動了。毫無疑問的，我們今天也一定陷在類似的偏見之中。

事實上，十九世紀「沒有馬匹拖著的車廂」叫我想起最近我們經常掛在嘴邊的時髦名詞：

「無人駕駛汽車」（driverless car）。我們在長大過程中，也把自由自在跟駕駛盤和駕照連在一起。我還清楚記得，第一次踩在油門上，飛速衝上高速公路的感覺，車子用力往前衝，我則被拋回椅子上。那感覺已深深烙印在我腦海中。因此，我大概永遠會將「自動駕駛汽車」（autonomous car）視為「無人駕駛」的車子——等你到了某個年齡，也會這樣想。要矯正這偏見，我們必須更努力發揮想像力，開放心胸，接受新的可能性。

在想像中跨入美麗的未知

心理學教授米克．木福特（Michael Mumford）做過一個發人深省的研究，結論是在某些情況下，解藥也許十分簡單：讓你的心靈來一趟時光旅行。

多年前，當木福特仍任教於喬治亞理工學院時，曾偽造了一份假公司的內部文件，內容是介紹一種不存在的科技——「全像式電視」。木福特想看看當他請人為假產品寫廣告時，會發生甚麼事。

「你要記得，這研究是在一九八〇年代末期做的。」木福特告訴我。那時候，全像式電視顯然只是科幻小說的題材；參加實驗的志願者——喬治亞理工的學生——應該都知道這產品根本不存在。不管怎麼樣，他們還是得假定產品真的存在，並思考如何做宣傳。

木福特將學生分為兩組。一組被告知要立刻開始撰寫廣播和電視廣告的文案，不能先停下來想想看全像式電視系統可能如何運作、誰會想購買這類產品。同時，他們又指示第二組學生：先就題目進行十五分鐘的「內心研究」；接著問自己一些問題，例如顧客為什麼會想將客廳轉為全像式劇場。「我們要他們多方考量這問題，以不同方式來定義問題。」木福特回想當時情形。他沒有特別指示他們應該如何使用「心靈之眼」等等；重點只是驅使他們運用一下想像力。學生經過一小段內心探索後，才開始撰寫廣告。

寫完後，木福特請廣告界老手來當評判。你大概也猜到了，他們比較喜歡第二組學生的作品。事實上，廣告界主管對這組學生表現印象太深刻了，甚至想聘請其中兩位為員工！木福特實驗的結果顯示，你如何想像未來或許不見得那麼重要，更重要的是你確實花費心力來想像。

早在一九三〇年代，布許就開始在腦袋中想像 Memex 的架構，但足足過了十年才完成整個想像，發表了他對 Memex 的介紹。這麼長一段時間告訴我們的是，他可能花了多少力氣在思考上：他可能在腦海中測試過幾百個思考實驗，否決了很多方案，花了無數個小時描畫出具體的圖樣。

雖然布許大力倡導這部能協助我們記憶資訊和尋找資訊的機器，但他相信，最深層的想像行為卻只能在我們的腦細胞叢林中完成。藝術家跨入「美麗且變化多端的未知，在尋常的思考過程中淬鍊出美麗的事物。」他寫道。而藝術家的想像——是如此千奇百怪、不可思議，又充滿個人風格——「永遠非機器所能企及」。

第四部　連結

有些專家扮演了「異花授粉」的角色，攜帶著創意的花粉，從一個領域飛到另一個領域。到底什麼樣的心智技巧才能將兩個看似南轅北轍的想法融合在一起？新的工具如何讓原先毫不相干的人聚在一起、互相合作，確保最好的點子能受到優先考量？

第十二章　興趣廣泛的人有福了！

他們在某處學會了一種技巧或概念，接著像隻蜜蜂一樣，帶著花粉飛到另一朵花那裡。你會發現很多人都扮演這種「媒介」角色，將兩種或更多種知識連結起來……

一七〇七年，英國有位名字古怪的上將——克勞戴斯勒．夏維爾（Cloudesley Shovell）——帶領著一支艦隊返回安全的家園，或者說，他自以為航向安全之地。

那個年代的海員在浩瀚無垠的海洋航行時，依靠名為「航位推測法」的系統導航。你會先從上一次在地圖上標示的確定位置開始，使用鐘錶或沙漏計時，加上估計的船速，找出目前的位置。當然這樣很容易出錯，而隨著錯誤愈積愈多，船隻也愈來愈偏離正確航線。至於夏維爾上將呢，他被航位推測法的計算弄得昏頭轉向，帶著艦隊朝康瓦爾海岸外的危險淺灘航去。結果發生了歷史上最悲慘的海難之一：船艦撞毀，船員被拋到海裡，死亡人數超過二千。人們在一個積滿沙的小港灣發現夏維爾的屍體；根據傳說，小偷將他手指上的寶石戒指全拔掉了，這是對夏維爾上將所犯錯誤的最後羞辱。

悲劇過後，英國國會議員一致同意，英國必須投資研究有助導航的新科技。一七一四年，國會通過了「經度法案」，懸賞兩萬英鎊（相當於今天的三百萬美元），任何人只要能找到適合船上使用的準確計算經度的方法，就能領賞。當時一般人都假定最後得獎的一定是名滿天下的天文學家。畢竟英國皇家天文台的創始目的，就是為了蒐集天文觀察數據，以協助海上導航。

但不可思議地，解答中最關鍵的一片拼圖居然來自一位名叫約翰·哈里遜（John Harrison）的木匠兼鐘錶匠！哈里遜憑著一絲不苟的工藝，製作了一個航海鐘，可準確到秒數。這新科技所提供的精確計時，加上太陽和星辰的位置，讓海員得以計算出所在位置的經度；因此時間和天體圖同樣重要。兩者合璧才能解決問題。

哈里遜的勝利揭示了發明的重要本質。有些人無論純屬運氣、刻意如此，或個性使然，就是有辦法將好幾個領域的知識集結起來，優游於不同學問的縫隙間。比如哈里遜，他懂得製作精準的齒輪和彈簧；他能夠進入微小的鐘錶世界，用細小的金屬片來衡量時間。但他也有能力跳出來，將他的計時知識和導航技巧連結起來。他的連結能力，為他贏得一片天。

在本書的第四部，我們要看看創意發明如何從開放系統中得到好處，特別是能在連結世界中大放異彩的人。當我們將風馬牛不相及的合作者放在一塊，或讓跟我們南轅北轍的同事來參與我們的問題，又或者我們自己勇敢地跨越不同領域，往往就會出現突破。但不幸地，這種開放做法的障礙也很多：包括自負、階級觀念、習俗，還有利益衝突。接下來的章節，我們會看看是哪些因素造就出像哈里遜這樣的人才——能夠在不同領域之間來去自如，把那無從捉摸的解決辦法編織出來。我們也會想一想怎樣才能營造出「自由許可區」，讓新想法得以成長茁壯。

創意解決問題的 eBay

二〇〇四年，卡林．拉哈尼（Karim Lakhani）對哈里遜能解決經度難題的驚人能力十分著迷。目前在哈佛商學院當副教授的拉哈尼覺得，哈里遜的成功也許能讓我們更加了解創意發明的一個重要特質。他想到的是，今天的「解題競賽」可用來研究創意思考。「在一七〇〇年代，你要等到國會立法，才能創立經度競賽獎，」他告訴我，但今天，「任何人只要有個問題和一張信用卡，就可以採取行動，召喚一群參賽者。」像NASA、寶鹼、禮來、飛利浦和克里夫蘭醫療中心等組織，均提供一定程度的開放流程，公開宣布他們還未解決的問題，願意頒發獎金給最佳解答。

有趣的是，這些競賽的作用，不只是為難題找到一些新穎的答案而已，而且也提供線索，讓我們了解哪些人提供了解答，還有他們如何破解這些困難的問題。

InnoCentive被稱為「創新的eBay」，是最大的問題解決市集。InnoCentive在企業（或非營利組織）和可能協助他們解決問題的陌生人之間充當媒介。自從二〇〇一年InnoCentive創立以來，已經累積了三十萬個「問題解決者」的資料，形成一個橫跨全球的社群，其中包括了化學家、生物系學生、機械工人、愛管閒事的善心人士、電影製作人、失業的東歐人、退休工程師，還有個自稱為「碎形表現主義者」的傢伙。當InnoCentive公告一道題目時，通常會有幾百個各路英雄好漢來參加競賽，爭取獎金。每個參賽者就該題目提交解決方案；由評審團選出最佳答案；贏家拿到的獎金從幾千美元到幾百萬美元不等。

拉哈尼認知到，他可以挖掘InnoCentive收集到的結果，找出贏家和輸家究竟有何分別。「哈里遜是個無名小卒，但最後卻贏得獎金。」拉哈尼說。那麼，如果檢查諸多證據，會不會發現有一群現代哈里遜正不斷擊敗似乎已在「正確」學門中占有優勢的著名科學家？

為了回答這個問題，拉哈尼等人研究了一百六十六次InnoCentive競賽的數據。他發現，的確現代哈里遜們大獲全勝。行外人比某個領域的內行人更有可能想到最好的答案。比方說，如果InnoCentive貼出的問題與用來生產人造纖維的化學品製造過程有關，最可能勝出的會是紡織業的門外漢。事實上，二〇〇二年間，名叫大衛·布拉丁（David Bradin）的律師就在差不多的化學類競賽中，打敗了幾百個競爭者。

拉哈尼指出，在任何一個學科中，大家都分享著同樣的解決方案，但也有相同的盲點。這是為什麼借重行外人的知識會產生如此大的效果了——行外人具備了不一樣的工具，用不同的模式來解讀世界，解決問題的方法也跟行內人不同。

二〇一二年，喬治亞大學海洋科學系的博士後研究員亞當．力佛斯（Adam Rivers）瀏覽InnoCentive的網上通訊時，突然被一個題目吸引：有家食品公司在研發健康飲料雪克時碰到問題：飲料出現「不討喜的食物顏色」。仔細推敲字裡行間隱藏的意思，力佛斯猜想飲料中的鐵質和某些配料起了作用，結果出現噁心的顏色。

對食品科學家來說，這一定是非常困難的問題。可是在力佛斯眼中，問題似乎很容易。他立刻想到海水中出現的自然反應，會形成血紅色的汙染。

那個周末，力佛斯到沃爾瑪採購綠茶萃取物膠囊，回家後，他將粉末倒進一杯水裡，再塞一塊鋼絲絨進去。「幾小時後，杯子轉為紫色。」他說。下一步是怎樣去除顏色，但又不會改變飲料的味道或品質。他又花了一兩天找到箇中訣竅，然後將答案傳到InnoCentive。結果力佛斯擊退了差不多兩百位競爭對手，奪得兩萬五千美元的獎金——在廚房玩了一個周末拿到的報酬，還真是驚人！

異花授粉

當然了，一般情況下，食品公司是不會請海洋系學生來解決他們的飲料問題。各學門或各行業豎起的高牆將他們的問題關在牆內，許多有能力解決困難的奇人異士根本無從參與，而這正是開放競賽的好處，但這必須建基於謙卑的心態上。

InnoCentive的客戶必須先承認不是那麼了解自己的問題，對於誰能解決問題也毫無概念，才能跟InnoCentive合作。

InnoCentive前總裁兼執行長德韋恩．史普拉德林（Dwayne Spradlin）告訴我，主辦創意競賽讓他眼界大開，才明白要客戶保持開放心態、接受外人幫忙，是多麼困難的事。有一次，他和一組醫師開會，他們的難題跟免疫有關，也考慮是否應舉辦網上競賽，可又十分疑惑網路上的路人甲能教他們甚麼。

「任何外行人對這問題絕不會有什麼實質貢獻。」一位醫師堅持說。

史普拉德林慫恿他們，不妨一試吧。

他們同意做個實驗，將問題貼在InnoCentive，參加者陸續送來提案。在盲審過程中，參賽者的個人資料是不公開的，眾醫師對此深感不安，他們很想知道提案者的名字和背景。

「那邊，第二十七號那個提案，跟你打賭一定來自哈佛，對不對？」有個醫師問史普拉德林。

史普拉德林說：「答錯了，其實來自印度一位商業類研究員。他已經退休，只不過想繼續保持高超的能力，想些酷點子而已。」一眼看這位醫師如此武斷，他不禁感嘆，不曉得我們是否經常錯過很多好點子，只因它來自「不對」的人。

拉哈尼指出，我們先入為主地認為誰才有能力解決問題，結果經常成為解決問題的阻礙。「如果愛沙尼亞有個小鬼想到個天才主意，大部分人都嗤之以鼻，」他說，「研究顯示，我們都有強烈偏見，會排斥外人提供的點子。」

拉哈尼和合作者發表了InnoCentive研究的初步發現後，史丹佛大學一位退休教授來函詢問，有沒有檢視獲獎者的性別。畢竟幾世紀以來，女性經常被排除於科學和工程界之外。這種偏見轉到解題競賽時，會不會反而成為女性的優勢？如果拉哈尼的理論是正確的，即被排除在小圈子之外的人反而會擁有被忽視的寶貴點子的話，那麼，在公平的競賽中，女性應該有點優勢。

於是拉哈尼重新挖掘InnoCentive的數據，看看女性是否真的贏多輸少，結果令人咋舌不已：女性參賽者比男性參賽者的表現好太多了，甚至在傳統被認為很「男性」的領域中也如是，例如工程類或化學類。這效應是如此之強大，女性參賽者的獲獎機率竟然比男性高出百分之二十三・四！

拉哈尼和論文合著者說，女性代表了未被開發的龐大人才庫。他們說，連極有才華的女性「都比較可能被排除在主流科學編制之外」。由於類似的偏見，就算（例如）工程界的女性想到個好主意，除非她在網上匿名參加競賽，她根本沒有機會提出意見。此外，女性可能累積了跟男性很不一樣的做事策略和技能，而且由於她們想到的方法比較罕見，也更加寶貴。「那些訓練有素、才華洋溢、但無法擠進行業中心位置的人，即『女性科學家』，其實更有可能以新眼光來面對問題。」拉哈尼等人的論文說。

「我不想表現得好像在自吹自擂，但是這問題似乎真的很簡單。」維莎莉・阿提（Vaishali Agte）告訴我。她打敗了兩百多位競爭者，贏得InnoCentive的競賽：「吃起來味道跟真餅乾一樣的糖尿病患餅乾。」阿提是拉哈尼理論的最佳例證。她是位生化學家，在印度一個由政府資助的研究中心工作，因此非常了解化學物質如何影響我們的身體。但一如力佛斯所說，她缺乏的是關係，由於她不是圈內人，所以也不會被當成解決餅乾問題的明顯人選。但她從線上競賽敞開的大門，拿到了入場券。

看到餅乾競賽的消息時，她覺得自己的贏面頗大。題目說餅乾的升糖指數必須約為四十五，意思是你只能用一點點糖，甚至不能用任何糖，因為糖分過多對糖尿病人而言，十分危險。可是同時，這餅乾的味道又要像貨真價實的飯後甜點。

在我看來，這簡直是不可能的任務。但阿提卻覺得很簡單。她是個專研營養學的生化學家，她知道糖尿病人可以吃哪些營養成分。「我親手做了些餅乾，」她說，「然後請我的朋友和同事試吃。根據大家的意見選出最佳配方。」出題的公司一定也覺得她的點子很有價值，因為他們願意付她五千美元，以取得配方的使用權。

我有點希望她會跟我分享其中的祕密，但她說競賽規則不容許她這樣做。不過，她跟我分享了她的比賽策略：她等到InnoCentive出現適合她的題目時才動手，不花力氣在任何需要耗費很多心力的艱鉅挑戰上。她指出，萬一輸了，你甚麼酬勞都拿不到。

根據拉哈尼的研究，InnoCentive的贏家就是使用這個策略。大部分的贏家（占百分之七十二．五）說，他們的點子來自一些他們早已知道的辦法。經常發生的是，他們在某處學會了一種技巧或概念，接著像隻蜜蜂一樣，帶著花粉飛到另一朵花那裡。檢視一下InnoCentive前段班的得獎者，你會發現很多人都扮演這種「媒介」角色，將兩種或更多種知識連結起來。他們願意，甚至很想跨出平常的工作範圍。一位得獎者慕納．俄拉米（Mounir Errami）告訴記者：他喜歡探索「不熟悉的領域」，如此一來，「我不會受到有形或無形的規則限制。」雖然俄拉米的本行是生化學以及生物資訊學，他選擇嘗試的InnoCentive挑戰，卻是跟整形牙科有關的。

大膽往前跳

法文「déformation professionnelle」很精準地總結了一件事：我們的工作形塑了我們的心智，每個行業各有其世界觀。如果你是個結構工程師，看到房子有條腐壞的橫樑，你立刻想到麻煩。但如果你是個微生物學家，那卻好像是培養黴菌的好地方。又如果你是威士忌生產商，木頭的味道或許會啟發你在下一批酒中加進不同以往的風味。每一種專業都有各自的信念體系，相信甚麼是可能或不可能的、甚麼沒有意義，以及甚麼才是重要的。

競賽的贏家似乎沒太多déformation professionnelle的包袱。他們有興趣的是連結、異花授粉以及迂迴前進。上述健康雪克飲料得獎者力佛斯就說：「我很享受廣泛閱讀，學會使用其他行業的工具。有些人是深入專研某個題材的專家，但那不是我。」他說最近他迷上了用在社交網路挖掘資訊的電腦軟體，正在探索能否修改軟體工具，用於回答海洋的相關問題。換句話說，他著眼的是這個加上那個會發生甚麼事。看到InnoCentive題目時，他喜歡將不同片段組合起來的性格讓他看到重點。「在還沒參加過任何競賽之前，我就已經很好奇人們都碰到些甚麼樣的問題。」他說。他意識到可以從名單上的題目了解海洋學之外的問題，而他願意扮演媒介，讓某個領域的問題和另一個不相干領域中的答案配對。

畢加索將單車座椅和車把手，組合出超現實主義的傑作。經過他巧手安排，兩者變成帶角的公牛頭。這個雕塑表面看來很簡單，他將兩部分組合在一起的方式卻十分天才。同樣地，將各種科技融合在一起時，新發明經常就此誕生。以下舉個例子。

一九九七年間，專案經理湯姆·洛林（Tom Laughlin）被強生公司（Johnson & Johnson）解雇後，就開始進行自己的實驗。「失業讓我有機會去……做些瘋狂的事情。」他說，例如研究一個他想了很多年的課題：如何使人工日曬看來像真的一樣。

重點是美黑乳液中的重要成分DHA經常會分布不均勻，你幾乎無法控制留在臉上或背上的分量，以至於全身留下一塊塊的顏色。要是你用太多美黑乳液，卻又可能變成一坨巧克力的模樣，因為你也極難控制它會多深入皮膚。洛林尋找答案時，想到汽車業為車身噴漆的聰明做法。他們會把車子開進棚子裡，車窗和不用上漆的地方用紙貼起來，接著噴嘴將空間噴滿漆霧，懸浮的油漆小滴小滴地慢慢降落在車身上，形成一層顏色均勻的保護漆。洛林決定也來設計一個差不多的棚子——給人用的棚子。

抓住這個想法，他把德州的家改造成實驗室，蓋了個像浴間的小隔間，牆上安裝了噴嘴。他想像的是適合人體身高大小的噴漆設備，能在全身噴上一層均勻的美黑乳液。但等原型完工時，他又害怕在自己身上試驗。於是他買了一個百貨公司展示衣服用的櫥窗假人，辛苦將它搬到小隔間裡，測試設備的安全度。終於，他鼓起勇氣親自踏進去，站在噴嘴之下，按下按鈕。「濃霧紛飛，周圍都是。」他回憶說。

一九九〇年代後期，洛林跟德州一個名為「棕櫚灘日曬」（Palm Beach Tan）的連鎖美容沙龍合作，首次提供客戶噴霧式隔間，作為紫外線日曬床的另一選擇，同時也著手申請專利；他說這些專利之所以獨一無二，是因為受到汽車工業啟發，而引進「在小隔間內為人噴霧的概念。」

他覺得他在失業之後才得以大步向前邁進，而這是我許多採訪對象的共同心聲。連那些事業有成的大企業發明家都夢想辭掉工作，好真正做點發明。下一章，我們會探討組織如何幫助或傷害這些媒介，未來又可如何改善現狀。

第十三章　請容許我擁有這個小天地

異花授粉者可能需要自行營造一片容許自由創新的「應允之地」——也許靠遊說公司加上政治手腕，或乾脆辭職改換行業，又或者和老闆達成諒解……

回顧歷史，例如在美國，其實發明家四處可見，他們分散在商店或鐵匠鋪，為周邊的小型社群服務，配合大家的需求。遲至一八七〇年代，在大草原上安頓下來的拓荒家庭，都會修補自家的咖啡壺，釘動物屠宰架，還有修理馬車輪軸。「每個勤奮手巧的農夫都應該擁有一間合適的工作室，自己有一套工具維修日常器具。」當時一位專欄作家這樣寫道。那時候的小鎮不只是集合了一堆房子而已，也是打造日常用品的鐵匠、補鍋匠、裁縫以及補鞋匠等聚集之地。發明家並不是遠在天邊的專家；他們就生活在你家隔壁。

所以，當愛迪生在紐澤西州門洛公園（Menlo Park）市蓋了一棟創意工廠，當時的民眾一定覺得怪異極了。他在那裡安排了一隊工程師（被稱為「礦工」），分坐在工作台前合作無間，克服燈泡、電池或留聲機開發過程的種種技術障礙。工頭愛迪生丟出各種建議，檢查藍圖，指引部屬將他的想法轉化為令人驚奇的機器。愛迪生充分明白，刻意製造出來的偶然能發揮莫大的力量，他將門洛公園的廠房設計成一個巨大的機器，進行著數以千計的實驗，反覆試驗，不斷摸索，探索未知的世界。他曾經說過：「我並非失敗了一萬次……而是成功地證明了那一萬種方法是行不通的。當我排除了所有行不通的方法之後，就會找到行得通的方法。」這個中央集權式的研發中心誕生的年代，當時的人還在用馬車將冰塊送到家庭廚房——可是愛迪生的概念，則將要引導世界進入電腦時代。

到了一九五〇年代，大企業紛紛投資實驗室，金額動輒幾百萬美元，同時聘請專業的工程師、產品設計師，以及科學家。及至二十世紀末，大眾已習慣假定新科技誕生的環境必定滿是肩負神聖使命的工程師。愛迪生的模式橫掃千軍。

高牆背後的開放園地

這真是弔詭：創造力蓬勃發展的開放樂園，卻被關在高牆背後。一九六〇年代，如果想參觀貝爾實驗室，得先開車通過一條私人道路，接著看到像一塊厚板子的建築，玻璃外牆映照著天上的白雲，彷彿替建築物戴上鏡面太陽眼鏡。只有某些精英科學家能獲邀進入玻璃鏡後的建築參加會議，因此在很多方面來說，貝爾實驗室都是個封閉的系統。可是對獲邀入內的人來說，那地方代表的卻是自由交流和繁忙的活動，工程師和數學家在示波器、影像電話、雷射光束和黑板構成的遊樂場中優游自得，相互激盪各自的想法，彷似爵士樂手的即興演出。建築師埃羅．沙里寧（Eero Saarinen）在主建築安插了寬廣的中庭，意在鼓勵大家不期而遇，他想像會發生以人為粒子的布朗運動，同事互相碰撞，在對方身上獲得元氣，回到自己的工作台時能量充沛。確實，貝爾實驗室見證了半導體、雷射、太陽能電池、資訊科技、UNIX、衛星通訊等等的誕生。

你可以說，像門洛公園的貝爾實驗室、通用汽車的德科（Delco）園區或全錄的PARC等十九和二十世紀研發中心都是為了因應當時的限制而誕生，但這些限制今天已不復存在。這些研發中心有如「網際網路興起之前的網際網路」，是自成一格的應允之地，不管你需要任何人或物，幾乎都一、兩天就可找齊。儲藏櫃裡塞滿珍貴材料；圖書館收藏了許多晦澀難懂的科學期刊，一九六〇年代，你還可以使用世界上第一個電腦化的卡片目錄系統來加快資料搜尋。沙里寧刻意將建築物設計成可將五千員工全部容納於廣闊開放的空間內，這其實是一種群眾外包（crowdsourcing）的模式，只不過所有的群眾都活生生近在眼前。

鍾．格特納（Jon Gertner）在他的《創意工廠》（*Idea Factory*）一書中提出，AT&T的科學家享有的優勢是企業內部特有的開放環境。格特納觀察，一九三〇和四〇年代期間，AT&T的電話系統一團糟，這公司的「需求多到不知從何說起」。下雨時電纜會劈啪作響，線路中因回饋效應而出現回音。一位研究人員稱貝爾實驗室為「有很多問題可研究的環境」，而這些「好問題帶來好的發明」。由於貝爾實驗室的科學家通常會率先知道AT&T的基礎設施出問題，他們自然擁有圈圈外的其他競爭者所沒有的優勢。也許你還可以說AT&T壟斷了和資訊通訊相關的問題——巡線工人、交換機接線員和維修人員等可蒐集各種有關系統缺失的資訊，將豐富的細節回報給實驗室的科學家。AT&T透過壟斷，在這場發明競賽中掌握不尋常的優勢：不只是口袋夠深，而且還能深入未知的領域。早在網際網路出現之前，他們就可以匯聚眾人之力，自行舉辦解題競賽。

創意工廠內的矛盾

但是，原應形成開放氛圍及新穎創意的系統，有時不知怎地卻產生相反的結果。「無可否認，貝爾實驗室光芒萬丈，可是面對公眾利益時，公司的輝煌表面就出現小小裂痕，」《誰控制了總開關？》一書的作者吳修銘寫道：「當AT&T的利益和人類知識進展相衝突時，究竟何者占上風可說毫無懸念。於是，貝爾實驗室公開的勝利成果之間，暗藏了許多祕密發現，骸骨全留在AT&T最神聖的櫃子裡。」他們的發明家開發出磁帶、行動電話、光纖、傳真機以及其他一堆關鍵科技。但為了種種原因，管理階層放棄了這些計畫，例如老闆害怕一些明日科技影響AT&T固網電話的利潤，也可能純粹因為高層看不出實驗室裡的新玩意兒有什麼潛力。

其實，就算最縱容部屬的組織偶爾也會說不。但在封閉系統中，這對發明頗為不利，即使成就輝煌的貝爾實驗室也不例外：排外的實驗室會使得那些非比尋常、意料之外的異花授粉媒介出不了頭。我們在上一章討論過，他們往往擁有解決某些問題的重要知識。而且，雖然工程師發明家或許能在這樣的環境中持續拿到「好問題」，卻也可能因為孤立而接觸不到重要資訊。

激進份子愛自由

我在本書第三章曾提到一個研究，研究者挑出能不斷創造熱賣產品、為公司賺進幾百萬美元的工程師或設計師，這些人被稱為「連續創新家」。研究團隊採訪了這類明星級發明家，意圖找出他們的成功方程式。結果發現，他們經常離開實驗室走到外面跟顧客接觸，待在農場、醫院或藥妝店中觀察。這些表現優良者花極多時間將「點」連結起來，而許多的點乃是在他們公司外。研究團隊說：「如果有甚麼事情是〔這些發明家〕應該知道的，無論距離本行的訓練或背景有多遠，他們還是要弄個清楚。」

可以理解的是，當發明家追尋風險大且成本高的計畫時，管理高層立刻忐忑不安，尤其當新計畫可能會將公司推到不熟悉的領域時。可是表現優異的發明家拒絕放棄，他們「會為了自己深信的想法或產品，甘願冒著被炒魷魚的風險。有一家公司〔的頂級發明家〕，約有半數在工作生涯中，至少試過一次為了重要的突破性產品構想而差點丟掉工作。」研究團隊寫道。

最有才幹的發明家會將不同領域的知識結合起來，想出新穎的方案，可是這些點子的原創性質往往卻造成公司內部負擔。事實上，最重要的突破經常跟母公司的本行毫無瓜葛，例如那位碰巧發現人工代糖配方的藥廠化學家就是如此。因此，異花授粉者可能需要自行營造一片容許自由創新的「應允之地」——也許靠遊說公司加上政治手腕，或乾脆辭職改換行業，又或者和老闆達成諒解。

一九八〇年代初，查克．豪爾（Chuck Hull）面對的就是這樣一個兩難狀況。他是個工程師，任職的單位生產紫外線燈，一些工廠使用這種燈來照射塑膠，使之變成硬薄板並黏在桌面或塑膠磚上。這科技也可用來做量身訂製的二維塑膠板，方法是控制紫外線照射液態塑膠表面的方式。當下豪爾開始想像，如果有辦法將很多塑膠板一層一層地疊上去，會發生甚麼事？是否可以構成一個三維的物體？那樣一來，他想到，他便可以雕塑任何想要的東西。他誤打誤撞找到一個方法，將一九八〇年代的疊片工具轉變為神奇的新科技，也就是後來被稱為3D列印的玩意兒了。

（說明一下：我在第七章敘述過安德森和白列特在一九九〇年代間改良3D列印科技的經過；他們的事蹟是發生在這件事之後。換句話說，安德森和白列特進入的產業，乃是由豪爾始創的。）

豪爾之所以會想到這個主意，其中一個關鍵來自前一份工作，即設計化學實驗室儀器。他因此知道有些零件（例如球型把手或按鈕）很不容易製作。工程師需要找專業機械工幫忙，預先又要畫好藍圖，辛苦溝通三維物體的形狀。機械工根據指示雕刻出模組，再送到零件製作工廠。過程中任一環節出問題，一切便需重來。豪爾很清楚工程師有多痛恨這些程序，經常要花好幾個月才能造出一個小零件的原型。事實上，量身訂製零件「當時對美國汽車工業殺傷力極大」，豪爾說。

而他剛巧找到解決方法。3D印表機讓工程師可自行製作想要的零件原型，而且只需一、兩天就可辦到，去除了他們生活中一大煩惱。

可是當豪爾跟老闆建議研發3D印表機時，回應的只有打擊。畢竟他們工廠生產的是紫外線燈，不是《星艦迷航記》的複雜星艦啊。終於雙方達成妥協：豪爾白天會專心做紫外線燈，下班後則獲准留在公司的工作間，打造他夢想中的機器。

他從寫數位編碼開始，告訴他的機器如何切割每一層塑膠片，以及將各層疊起來成為立體物件。「我只能做些簡單的形狀。」他告訴我。例如有一天，他帶了個大杯子回家給太太看。「樣子跟你在藥妝店買來洗眼睛的裝置很像。」他說。他的第一部3D印表機「拼拼湊湊的樣子，很有點後世界末日的感覺，好像電影《水世界》裡面用的機器。」

但它管用。於是，豪爾最終募得資金，獨立出去成立公司，銷售全世界第一部完整的3D印表機。

他的機器太重了，根本無法拖著去做示範，豪爾便用家用攝影機拍了部短片給不同公司的主管看。「影片還滿沉悶的，」他說，但儘管如此：「反應十分熱烈。」特別在底特律。「那時候，美國的汽車工業遠遠落後於日本。」豪爾說，而汽車公司十分渴望能有個祕密武器。3D印表機正好符合所需：現在工程師可自己動手製作車門或排檔桿把手的原型，快速製作出物件的粗略原型，再來修改、微調、重新思考。

發明鬼才的創作天地

豪爾公餘時間的嗜好，結果造就了整個產業，目前還改變了我們生產貨品的方式。他的故事證明了，引介新事物到這個世界是多麼困難的事情。他告訴我，就算工程師喜歡3D印表機，經理階層卻不願意花幾十萬美元買一部只能吐出粗略原型的機器。對他們來說，3D印表機是一部極之昂貴但鼓勵草率態度的機器；他們想像不出這東西能改革他們的產業。所以豪爾得先運用想像力闖過各種界限，接著還需要想方設法，讓其他行業的陌生人明白這個突破和他們的產業其實關係重大。

豪爾的故事也顯示了，發明家意圖發展原創的想法，可能會多麼困難，即使這些構想日後可能開創嶄新的產業。他先得利用下班時間，為自己開闢出可以自己作主、容許自由活動的空間。由於他將好幾個領域的洞見連結起來，包括塑膠層疊、汽車工業和實驗儀器等，他必須在沒人去過的跨界縫隙之間奮鬥，追尋當時沒人覺得需要、但後來全球盛行的科技。3D列印技術的發展給開放實驗室、車庫、創客空間和各種發明鬼才的小天地很好的示範。大部分3D列印技術的突破都是由研究者獨立發展出來的。你大概還記得，當年那光輝燦爛的破爛地方第20號大樓如何開拓出一個空間，半失業的藝術家和一個研究生得以在此利用廢棄物，打造出桌上型3D印表機。

此外，一九八八年間S．司各特．科恩普（S. Scott Crump）也發現了3D列印的一個關鍵流程。當時他在自家廚房裡，試著親手幫女兒塑造一隻玩具青蛙。他將噴膠槍裝滿聚乙烯和溶掉的蠟，打算一層一層地塑造出玩具蛙；沒過多久，太太就命令他將東西全搬到車庫去。於是就像許多車庫傳奇那樣，一家新公司在科恩普家的車庫中誕生，而且引領新產業的發展：Stratasys為3D列印打開了消費者市場。

也許最棒的自由創作小天地莫過於自家車庫、學生宿舍，或你的辦公室了（深夜時分，當你的朋友同事全離開後）。臉書（Facebook）就誕生於學生宿舍。雅虎（Yahoo!）誕生於史丹佛大學旁的一輛拖車，而谷歌（Google）則在車庫中孕育成形。推特（Twitter）最初的靈感始於奧克蘭一個小公寓裡隨手寫下的一張字條。很多時候，大學周邊會冒出許多創新概念，發明家受惠於環境提供的智識騷動，又不會受到規條和計畫的限制。

二〇〇八年間，兩位公共政策研究員問：「創新從何而來？」為了回答這個問題，兩人追蹤由《研究發展雜誌》（*R&D Magazine*）所頒發的「百大科技研發獎」（R&D 100 Awards）得獎者。結果發現，二〇〇六年一百個獎項中，只有六項頒給「財星五百大」企業。研究員提出一個假設：大公司專注於現有產品，比較不花力氣在尋找新奇突破。最後，「許多有才能的科學家和工程師用腳投票，離開原來在大公司實驗室的工作崗位，跑到政府實驗室、大學實驗室或者較小的公司去。」後者都是比較可能贏得百大科技研發獎的單位。

二〇〇九年的一項調查確認了這些發現：在學術圈的實驗室或不到一百人的小公司工作的發明家比較有機會貢獻出最有價值的點子，事實上他們占比之高簡直不成比例。

但如果你想像的高效能發明家是名叫祖克柏（Zuckerberg）的年輕人，坐在宿舍寢室裡，幾個披薩盒子亂丟在地上，你的心靈圖像可能需要有新的版本了。二〇〇九年的調查還告訴我們，美國發明家達到創意顛峰時，平均年齡為四十七歲。豪爾正好符合這個統計：當他開始進行後來引領新產業的實驗時，就是四十五歲左右。也許中年發明家比年輕同行享有較多自主權，因此也較有生產力，隨著頭髮逐漸灰白而來的，是年資加深、地位較高，可以有較多的年休假期，有能力在家裡設個工作間，銀行戶口也較寬裕，可以追求一些較冒險的計畫。

當然，現在有助發明的工具愈來愈便宜，而且無所不在，使得更多人能投身於嘗試打造「不可能」或「沒用」的機器，最後卻改變世界。這種可及性肯定是改變發明遊戲規則的元素，現在大家可以分享廣大的網絡公共中庭，和幾十億人一起腦力激盪。

R&D的未來？

當我訪談庫珀談行動電話時，他指出：人類通訊的方式，密切影響著我們發現事物和尋求新機會的方式。「行動電話對社會的最大影響是提高了所有人的生產力，」他說，現在我們互相連結：「合作也差不多能即時發生。」於是發明家自由度愈來愈高，能花更多時間在他們醉心的計畫，而不需要等待別人命令。「讓我想起那句名言：『如果你希望大家思考時可以跳出框架之外，那麼首先就不要弄出那麼多框框來。』可是企業經常建基於框架之上。」庫珀說。這是為什麼他預測，那些層級分明、中央集權、工業時代的R&D方式注定要隨風而逝。

畢竟到了今天，任何私人的力量皆無法跟網路上全天候在全球進行的創客松（hackathon，譯注：指馬拉松式的科技創新活動）競爭。之前提過的哈佛商學院教授拉哈尼告訴我：「創意發明愈來愈像一種數字遊戲。」因為網路上的一百萬人差不多總是比十名工程師組成的團隊更厲害。他又說：「跟創意相關的工具愈來愈民主化這件事，可謂意義深遠。」

但當然了，許多神奇的產品及影響深遠的想法仍持續從大公司園區冒出來；谷歌、臉書和蘋果都是絕佳證明。可是，連這些近代的R&D巨人都在想辦法將自己的高牆扯下，與民眾互動。蘋果的應用程式商店（app store）就開闢了一個創意市集，個別開發人員得以在平台上售賣他們的作品。這做法讓蘋果獲益甚大，數以千計的人發揮智慧，將iPhone重新想像成星際大戰裡的光劍、聽診器、UFO偵查器、訓練狗的哨子，或是血液測試儀器。

真的，幾乎可以肯定，很多重要的資訊一定藏在經濟學家馮希培所謂的「暗物質」中，許多使用者對於大家共同感覺到的問題擁有豐富的知識，他們可能是醫師、運動員、家庭清潔工人、植物學家、汽車機械工人或農夫，由於每天的生活經驗使然，他們能看到很多別人沒有看到的機會。

由於這個原因，很多組織也想找到新方法，開放他們的R&D努力方向，和隱藏在黑暗中的發明家合作，並善用網路的威力。

如此一來，管理階層必須發揮龐大創意，積極自我改造，扮演善於物色人才的伯樂、民族誌學者、獵酷族、管理群眾的牧人，以及探勘大數據的採礦者。基本上為了充分掌握R&D的新方式，組織必須借鏡於網路。

休斯頓，我們有個問題……解決者

海娜．李夫斯特—阿薩夫（Hila Lifshitz-Assaf）是商業界的民族誌學者，曾有機會在NASA（美國航太總署）目睹類似的組織轉變。當時她在哈佛商學院做博士後研究，同時經常泡在NASA參加會議，閱讀備忘錄，以及訪問幾十位員工，從旁觀察工程師和經理人面對網路時代及開放式問題解決的年代，如何重新定義自己。她想探索科學家被逼和外面的人分享「他們」的工作時，會如何反應。

李夫斯特—阿薩夫觀察到二〇〇九年有個轉捩點，似乎帶來滿多焦慮煩惱。幾十年來，NASA一直希望能找到可靠的方法來預測太陽會在甚麼時候噴發出高能粒子。這項資訊十分重要，因為這些太陽粒子會傷害正在執行任務的太空人和儀器。NASA的科學家一直找不到能準確預測太陽活動的好方法。群眾可有辦法做到？

總要試試看，於是NASA懸賞三萬美元，尋求預測太陽粒子風暴的最佳方法。超過五百人參加競賽，結果一位住在新罕布夏州鄉下的退休工程師勝出！布魯斯．克理近（Bruce Cragin）使用自己的儀器，設計了一種新技巧，可以預測太陽活動開始的時間以及會持續多久，準確率達百分之七十五，比NASA當時的方法好了一大截。這證明了群眾有可能在短短幾個月內，解決「不可能」的難題。

根據李夫斯特－阿薩夫所述，NASA領導高層對於群眾居然用這種方式打敗自己人，大感震驚。部分工程師和經理人則感到受辱。她訪問了其中幾位，他們對這做法滿口惡言：對他們來說，感覺上航太總署將自己的問題攤在眾人面前，乞求幫助，彷彿暗示他們自己的工程師已全盤失敗了。「職業羞愧感十分明顯。」李夫斯特－阿薩夫寫道。其中一人說：「實在太令人沮喪了。感覺是……那現在『我的價值何在？』」

但同樣在這系統之下，另一批經理人和科學家卻大放異彩，他們甚至構思出想像力豐富的新方法來刺激網路群眾提供答案。例如，一位NASA工程師察覺到，她可以有效扮演善於挖掘人才的伯樂。有一次，他們需要一部能在太空運作的特殊醫學儀器，她上網搜尋，發現有個小鎮醫生在家裡車庫自行拼湊了一部儀器，剛好完全符合NASA的需求。於是她跟那位醫師接觸，要求看看原型，發現它頗堪使用，夠資格被送到國際太空站上服務。

另外幾位工程師也體會到，當他們學會了借用外界的腦力之後，自己的效能也會大大提高。其中一位跟李夫斯特－阿薩夫說：這些日子以來，「甚麼都自己動手做的模式已不足以支撐發展所需了。」

像NASA這類組織紛紛針對研發和創意發明提出新的問題。如何為問題和解決方案找到最佳配對？在某些情況，也許將工程師和設計師送到社區裡還比較好，他們可好好觀察問題，收集第一手資料，而不是在公司裡孤獨地閉門造車。另一件應該做的事情是，鼓勵所有了解問題的人，無論是醫師、社工、老師、鑽井工人、卡車司機等等，參與組織的R＆D體系。下一章，我們將透過個案研究，了解R＆D未來可能如何發展。

第十四章　為什麼事情一定非如此不可呢？

創意發明發揮到最極致時，也可以是一種公民參與。當我們注意到周遭環境在設計上的問題時，我們責無旁貸，必須發聲並參與改良……

如果你在美國醫院待過，你可能已經看過好些奇妙的科技，但也目睹過令人擔憂的失誤。醫院裡，外科醫師部署機器人修補血管，護士給幫浦設定指令，整晚為病人輸送藥物。雖然身處於神奇機器之間，很明顯有些東西還是錯得離譜。二〇一三年，《病人安全期刊》（*Journal of Patient Safety*）報導，美國每年有六分之一的死亡事件（相當於四十萬人）由原可避免的院內失誤所致。而其中一部分，毫無疑問，來自醫療儀器的不良設計。

在本書的第一部，我們看過很多問題一開始經常是由先驅使用者「診斷」出來的。花了幾百小時使用某種工具工作之後，他們深切了解工具的缺陷。但很不幸，其中的使用者—發明家就算為自己將工具改良得很好用，通常沒時間或技巧將他們的想法傳播開去。醫療保健系統在這方面處境特別狼狽，醫師和護士極少跟工程師或創業家合作，而這些人卻有能力將他們的知識轉化為救命仙丹。理想的狀況是，相關機構找到方法，讓找到問題的人能跟R&D管道連結起來。

打從二〇〇〇年開始，克里夫蘭醫療中心就一直努力做到這件事。院內設有「點子開發暨創新」的程序，由此產生的洞見已導致兩千七百多件專利的申請，其中七百件獲得批准。結果克里夫蘭醫療中心已經開辦了七十多家子公司，製造醫療用品；其中一個由他們的醫師想出的概念，是重不到一磅的人工心臟，可維持病人的生命，等待換心手術的機會。這個程序讓我們窺看到，當院方掌握到平常大半受到忽略的知識時，R&D可以出現的一線光亮。克里夫蘭醫療中心的做法最不尋常之處，可能是直率的坦誠。他們鼓勵醫護人員指出失敗之處，直接問「為什麼事情一定非如此不可呢？」並勇於挑戰機構的陋習。

我們將在本章中追蹤克里夫蘭醫療中心一位醫師的故事，檢視這個新程序的潛力——以及困難。

救命裝置變成殺手

二〇一二年，血液學兼腫瘤科專家桑塔拉拉札醫師（參見第六章）愈來愈擔心中央靜脈導管（central-line catheter）的問題。他的病人不論淋浴、吃飯、工作和睡覺時，導管都埋藏在皮膚底下，有時候還連續好幾個月。這管狀裝置讓醫護人員將化療或其他藥物輸入血管裡，效率十分高。但當裝置受到細菌感染後，導管卻可能變成殺手，把毒害也噴到血管裡去。桑塔拉拉札和部屬往往無從得知病人已進入敗血性休克，直至他們注意到病人發燒了，而到了那時候，恐怕就已太遲了。桑塔拉拉札解釋說，救護這樣的病人「是一種進退兩難的處境。你必須取出被感染的導管，但同時你需要想辦法讓病人獲得足量的抗生素和液體，才能維持生命。因此你拿掉一條導管的同時，其他人必須將一條新導管放進去。」

醫院裡的急診室、小兒科、心臟科以及化療室等單位，均十分依賴中央靜脈導管來輸送藥物到病人身體裡，美國每年有接近三百萬人需要使用導管。雖然導管確實扮演了救命的角色，卻有其惡毒的一面。每年大約有三萬美國人死於中央靜脈導管感染，使得這個問題的嚴重性和乳癌不相上下。

理論上，要避免導管感染有個方法：將它清乾淨。諸如美國麻醉師協會等團體就曾經擬出檢驗清單及操作指引，希望護士能確實使用消毒劑洗刷導管。研究也顯示，積極注意衛生，就可以大幅降低感染數量。

但專注衛生問題的當下，也許我們不小心忽略了導管到底如何殺人。二〇一二年一份研究發現，導管埋在體內九天後就變得凶險萬分——儘管你已經盡力把它清乾淨。不爭的事實是，由於導管裝置的很多部分埋藏在血管裡，所以根本難以清理。「你只管得到露在身體外面叫做護帽連接處的部分。」小兒外科醫師卡芙蓮．木森美切（Catherine Musemeche）告訴我。

導管遭感染時，大家通常都先責怪護士不小心或醫院衛生出問題。有些護士和醫院確實該罵，但光顧著責怪護士和設備，卻可能把我們的注意力拉走，沒好好看一看導管本身。真的，在桑塔拉拉札負責的病房，醫護人員已經盡力想出各種清潔導管的新方法，也已提高衛生要求，效果仍十分有限。

也是在二〇一二年，有天早上桑塔拉拉札試著放輕鬆一下。之前整個晚上，他為了一位病人導管感染問題，在惶恐緊張中度過。打開《紐約時報》，映入眼簾的是個有趣標題：「會思考的牙齒」（Teeth That Think）。文章介紹一個低成本的裝置，據說可以嗅出口腔內的危機，並形容它為「超薄牙齒感應器（有點像暫時性的刺青），感應到與斑塊積聚、蛀牙或感染有關的細菌時，感應器會發出警告。」桑塔拉拉札對這個聰明概念驚嘆不已，開始想像使用類似的手法來對付導管問題。跟牙醫借來的點子「幫我打開了一扇窗，看到另一個世界。」他說。在他工作的腫瘤科病房，由於細菌的天生本質，每個人都假定細菌是「看」不見的。但現在他醒悟到事情不見得非那樣不可。如果有合適的工具，或許在危險的細菌擴散或造成傷害之前，護士就能偵察到它們。

看到解答有望，改變了他的心態，再看到滿櫃子的庫存導管時，感覺也和從前不同了。他和護士一直專注在洗刷上，小心翼翼用消毒劑塗抹導管進出皮膚的部分。現在他明白原先的方式把他蒙住了，以至於沒想過還有另一種面對問題的方式。他開始大膽設想，是否可能重新設計出永遠不會感染病人的導管裝置。

他問自己，為什麼在智慧型手機的年代，我們還在用這麼「愚蠢」的導管？「我口袋裡的iPhone可以讓我搜尋任何醫學期刊。科技已經往前大步躍進，我卻還在把差不多五十年沒變過的管子插進病人血管裡。」他說。

他開始想像的導管你可稱之為「最理想的導管」——是一種內置感應器的提早示警系統。這條導管會蒐集身體裡的數據，一旦「嗅到」危險細菌，便送出訊息給醫療團隊——也許是發出一則簡訊或者讓護士站的警鈴響起。這樣一來，細菌還沒機會繼續滋長，醫護人員便已注意到問題了。

當然了，桑塔拉拉札不懂得怎樣造出理想中的裝置。要不是收到院內同事克莉絲汀．莫拉維（Christine Moravec）醫師的邀請，他也極可能將一切置諸腦後，忙別的事情去了。莫拉維是克里夫蘭醫療中心的研究員科學家，負責創新企畫事宜，而她固定發電郵給醫院同仁，請大家注意問題及提出建議或發明。

「我的希波克拉底誓言是要幫助人們更好。那是我的職業動機。」桑塔拉拉札對我說，可是：「像我這樣的專家，要跟上自己團隊的腳步就已經很不容易了，不要說還涉足生物科技的東西。」單靠自己，桑塔拉拉札絕對沒力氣去發明新儀器，因此他很高興院方提供管道，讓他試試他的想法。

莫拉維剛開始和桑塔拉拉札接洽時，並不那麼確定真的需要將中央靜脈導管改革為智慧型裝置，而且還附有生命探測器呢。但她深入研究這問題的影響範圍，發現導管的確是院內最危險的設備之一，然後她明白「這問題的解決方案的確意義重大」。

雖然桑塔拉拉札已經提出構想，要實際打造出原型，卻還需要另外幾個小發明。你該怎樣造出一個細菌偵測器，不但小到可放進導管內，還能夠從流動的血液中抽樣，而且偵測器本身又不會引發感染呢？還有，偵測器又要如何從導管中送出警告訊息給醫師和護士呢？

挖掘醫療界的馬蓋先

面對類似的困難問題時，克里夫蘭醫療中心有時候會求助於網上愛解題的群眾。莫拉維告訴我說，醫院將挑戰放在InnoCentive上，因為這方法比內部聘請工程師便宜而快速。「如果有個院內解決不了的疑問，我們有辦法全球找四十萬人來幫忙想辦法嗎？」她說：「第一年（二〇一一年）跟InnoCentive合作時，我們放了六個問題在上面，結果找到很好的答案，解決了其中五個問題。」莫拉維解釋說：「有人會說：『你在開玩笑嗎？人家想出答案，你給他們兩萬美金，然後把它變成商品，賺大錢？』」可是，她解釋說：「事實是克里夫蘭醫療中心還要投資好幾百萬美元測試產品；我們要花滿多時間和力氣測試那些解答。」

為了桑塔拉拉札的點子，醫院在InnoCentive提供兩萬美元的獎金，徵求有人「設計出生物感測器或『早期預警系統』，能在中央靜脈導管開始遭到汙染時回報。」醫院收到三百九十四個回應，桑塔拉拉札跟一位生物工程師合作，篩選所有答案，挑出最好的解決方案。（由於智慧財產權協議的緣故，桑塔拉拉札不能告訴我得勝者如何構思出智慧型導管的相關科技。）下一步將會是製作原型，找公司合作開發產品，進行安全測試。商品從規畫到上架無疑是個漫長的過程，充滿了挫敗和財務風險。目前這故事的結果究竟如何，還不是很明朗，因為從概念到成品真的需要很多年的努力。但新點子已經引起各種對話，大家紛紛思考如何靠著創意發明來避免醫院裡的各種可怕感染。

二〇一四年，一支西班牙研究團隊刊登了一篇論文，宣布他們也設計了一個智慧型中央靜脈導管，如果細菌在它的表面形成薄膜的話，感測器就會「知道」，並且正如桑塔拉拉札所想像的，發送警告給醫護人員。

其實許多醫療保健的突破，都是由醫藥界的馬蓋先啟動的，他們釐清病人死亡原因之餘，還動手發明來解決問題。回到導管的例子，好些關鍵發展乃是來自醫師的腦和手。一九六〇年代，一位名叫湯瑪斯・佛格堤（Thomas Fogarty）的醫學系學生就想到將導尿管和微小氣囊合在一起，成為一個新裝置，而氣囊能在進入病人血管後膨脹，如此一來他就可抓住血栓，將它從一個小切口拉出去。「佛格堤導管」被稱為第一個微創手術的醫療設備，拯救了數以百萬計的生命。可是，「當時我找不到願意生產這導管的廠商，」他告訴記者，「那些公司以為我是來搗亂的。我沒任何可信度可言。」後來，多虧佛格堤的朋友幫忙引介一位電機工程師，他的導管才得以成功商品化。所以，如果不是出現幸運轉折，佛格堤的突破可能會被埋沒，除了他自己之外，沒有別人會使用這個奇怪的自製醫療設備。你不禁疑惑：我們究竟流失掉多少智慧財富，都只因為許多醫師缺乏必要的人脈？或由於醫院不鼓勵醫護人員大膽指出問題？

許多時候，純粹因為行業之間的隔行如隔山，一些有希望的點子連啟動的機會都沒有。醫生眼看著病人死亡，卻不懂得如何向外尋求工程師的協助，想辦法設計解決方案來避免死亡。「你可以將大型教學醫院想成『問題豐富的環境』，而將工程大學想成『解答豐富的環境』。」前馬里蘭大學醫學中心執行長史蒂芬．斯森夫（Stephen Schimpff）撰文指出。他說，麻煩的是：「醫師待在醫院裡，而工程師也待在他們的固定範圍中，兩者極少見面。」

莫拉維堅信，開放是生物醫學研究的未來，她說其他頂級醫院，例如哈佛醫學院，也開始採用線上解決問題的方式了。但集中火力瞄準自家系統的瑕疵，而且承認還沒有找到解答，對任何機構來說，都極富挑戰性。把問題放上InnoCentive，「你會讓你的弱點攤在全世界面前，你必須能夠說：『我們不知道該怎麼辦。』沒有人想變得這麼無助。但我們明白，必須願意冒那樣的風險，才能往前邁進。」

難怪那麼多機構會將來自下層的想法壓下去。發明家是揭密者的堂兄弟，他們會指出系統的瑕疵，掀開錯誤。我們總傾向將發明視為政治中立的活動，但其實不然。監督團體、評論家和改革者是驅動科技進步的幾個最有力的推手。

監督設計的守門人

我們可以從美國一九三〇年代拍下的照片中一瞥時代的剪影：當時美國公路上經常發生的大量死亡事件至今猶令人震驚。像撞到路肩這樣的事故，今天可能只是小車禍，當時卻等於宣判死刑。由於車體結構不夠堅固，也不夠穩，車子很容易翻覆、凹陷、壓成一團，甚至整輛車像一片橡皮般包覆著路樹。乘客被送到急診室時斷手斷腿、身體破碎傷痛，一切已難救治。

目睹過這麼多恐怖事故傷患，一些醫師十分憤怒，於是設法遊說汽車公司，要求提供更安全的車子，安裝具束縛作用的配備，以免乘客撞破車窗飛出來。少數醫師憂心到自行幫自家轎車裝上安全帶系統，又在副駕駛座前方貼上軟墊。當時，副駕駛座又名「死亡座椅」。

不幸地，還要再經過幾十年，又發生了無數原可避免的死亡，加上拉爾夫．納德（Ralph Nader）於一九六五年出版的《任何速度，都不安全》（*Unsafe at Any Speed*）之後，美國大多數的州才通過安全帶法令。納德的書除了爭取安全設備之外，還羅列了許多悲哀的工程敗筆，例如雪弗蘭考威爾（Chevy Corvair）汽車轉彎時車軸可能會彎曲、散架。「今天在路上走的車子，差不多有一半早晚會出車禍，造成傷亡。」他寫道。納德宣稱，汽車工程師幾乎都沒受過人體工學方面的教育，身處的環境又不能鼓吹能救命的設計改良。「解放工程人員的想像力，以改進汽車安全，這種情況不可能在汽車工業內部發生。」他說。納德的重點是，汽車公司的設計師和主管停滯在自己的平行現實世界之中：這樣的環境鼓勵他們忽略對顧客應盡的責任。

為了支持他的論據，納德舉了一個令人心寒的例子。一九五四年，一位銀行家寫信給通用汽車，敘述他突然踩煞車時，坐在前座的八歲大兒子撞到前面的儀表板，牙齒都斷了。銀行家請求通用汽車在儀表板加上軟墊。

通用汽車的安全工程師霍華德．干迪洛特（Howard Gandelot）寫了封信回應，但信的內容很古怪。這位工程師建議，別擔心車子的設計了，父母應該負點責任，好好管教兒女的行為。「年輕人一旦長得夠高大，能站起來看窗外街景時，就會那樣做。」干迪洛特寫道。他說他就會訓練自己的小孩在前座站起來時，要抓住儀表板，意思是他覺得小孩子的手臂已經足以充當安全設備了。每當兒子忘記抓緊儀表板時，干迪洛特還偷偷說，他就會踩煞車，讓兒子身體突然往前傾，他下次就學會啦。

納德雖不算是發明家，但在重新想像汽車這件事情上，他做的可能比汽車產業內任何人都多，《任何速度，都不安全》掀開工程失誤和錯失的救命機會，引領顧客大聲疾呼，從根本重塑美國的車子。

創意發明發揮到最極致時，也可以是一種公民參與。當我們注意到周遭環境在設計上的問題時，我們責無旁貸，必須發聲並參與改良。我們都知道挺身而出會面臨多大的挑戰，推動改革往往需要跟勢力龐大的既得利益抗爭。許多人看到問題時自然會猶疑是否要發出聲音。可是，這種「富有公民意識的發明」可能是最令人欣慰的創造性活動。

下一章，我們將回頭來看阿特蘇拉——我們第十一章稍微介紹過的蘇聯異議份子，也是想像力豐富的勇敢改革家。

第五部　承擔及教育下一代

當你決定進攻某項巨大難題，可能面對別人的嘲笑、排擠或反對。教育家又如何教育小孩子挑戰現狀和權威，在別人設計的環境中取回主導權？想像力的未來面貌——特別是往後當數以億計的大眾都能擁有先進的研發工具時——會帶來什麼樣的政治和社會演變和意義？

第十五章　紙眼睛，看得更遠

他必須能在白天睡覺，才有辦法應付徹夜不停的拷問，但又要騙過獄卒，讓他們相信他是醒著的。但要如何做到呢？阿特蘇拉意識到，他必須重新設計自己的眼睛，使得它們能同時閉上和張開……

喝過一杯濃烈咖啡之後，也許你突然想到一個創新的可能機會；一陣熱血上衝，你筆記傾瀉而出，或畫下草圖，大膽的點子在心內逐漸成形。可是幾天後，疑惑進駐，腦海中一片否定之聲：你以為你是誰呀？這想法真有這麼高明，為什麼沒人試過呢？這點子真的可能實現嗎？抑或只是海市蜃樓而已？

當然，琢磨疑惑、聆聽回饋是很重要的。但太常發生的是，我們因為太過害怕或不知所措，而放棄新奇的想法。其實，堅強意志可能是整個創新行動中最重要的元素。缺乏毅力，再好的點子始終只是個想法或一團塗鴉罷了。

一九三一年，一個名叫約瑟夫．羅斯曼（Joseph Rossman）的專利審查員發表了一篇很不尋常的調查報告。他接觸了幾百位發明家，詢問他們的精神生活以及發揮創意的方法，問題包括：「成功發明家有甚麼特殊性格？」他們的回應有驚人的共通點，大約百分之七十回答：「不屈不撓、堅忍不拔。」

本書的最後一部，就是要探討想像力的第五個挑戰：我們為什麼覺得要承擔起解決某個問題的責任，而我們又如何做到不屈不撓、堅忍不拔？接下來的兩章將探索內在的力量——提倡原創想法必需的力量。

籠罩蘇聯的創意黑洞

稍早我們曾介紹過阿特蘇拉，現在我想再回到他的故事，因為他提倡的心理理論正好說明：為了發揮想像力必須具備何等的勇氣。他忍受了刑求、禁錮、勞改營以及飢餓，只為了追求自由表達想法的權利。要明白他辛苦爭取到的洞見，我們必須先回到過去，回到史達林統治下的蘇聯。

一九三〇年代，還是青少年的阿特蘇拉在亞塞拜然過著平靜的生活，鎮日沉醉在朱爾．凡爾納的神奇科幻世界裡，潛到海底又飛到月球。大約十四歲時，他就取得第一個專利——關於潛水裝置的專利。

那個瘋狂讀著科幻小說、喜歡東敲西打的小孩，似乎渾然不知其中隱含的危險。那時候史達林主導了一場鬥爭，就是後來被稱為「大清洗」（Great Purge，譯注：亦譯「大整肅」）的運動，許多英雄人物為了堅守自己的想法而死去。尼古拉・依凡諾維奇・瓦維諾夫（Nikolai Ivanovich Vavilov）是其中一位。他是蘇聯最出色的農業科學家之一，創辦了全球第一家種子銀行，推行異種交配，試圖培育出有助於穩定食糧系統的植物。瓦維諾夫蒐集了高產量的小麥和馬鈴薯品種，雖然他不算傳統定義的發明家，他的發現卻具備極大的潛力，有可能改革蘇聯的農業，結束可怕的饑荒。可是，史達林認為瓦維諾夫是危險的顛覆份子。於是，原可拯救數百萬人民免於挨餓的大英雄，最後卻餓死在蘇聯的監牢裡。

我們無從知曉，當時還只是個小孩子的阿特蘇拉，對於史達林的大清洗運動有多了解。但在專利辦公室工作的年輕人阿特蘇拉，則有機會看到籠罩著蘇聯的創意黑洞。辦公室裡收到的專利申請書品質之低，令他沮喪萬分。當時他大概還沒想通蘇聯為什麼會有這麼多無能的發明家，反而被那些失敗案例吸引住。人們的腦袋究竟出了甚麼問題，他又可以做些甚麼來力挽狂瀾？於是他在一九四〇年代末密集展開深入的研究，研讀了幾千份專利文件，意圖找出可幫助任何人發現聰明解方的規律或原理。

花了很多時間待在專利辦公室的圖書館之後，他找到的數據顯示蘇聯的專利發生率已差不多跌到零了，這和國家文宣說的完全相反。他終於恍然大悟為什麼會如此：許多科學家不是被槍斃，就是慘遭嚴刑拷打、餓死或失蹤了。他們的著作從圖書館書架上撤下，連名字都從紀錄中抹除。「發明聯盟的領導人被拘捕和迫害，」阿特蘇拉後來說，「無一倖免。」史達林指派自己人慶祝國家的發明進步，但接著連這些人也不見了。「我們怎麼可能談論發明呢？」阿特蘇拉悲嘆。但他還是談論了。

一九四八年，阿特蘇拉和最好的朋友薩皮洛寫了封公開信給史達林，主張在學校和工廠裡開班教授創意解決問題的技巧。企圖教導史達林任何事情，真是膽大包天，魯莽至極，但阿特蘇拉以為他可以平安無事。他是個輕率莽撞的年輕人，身材修長，臉孔輪廓分明像個明星；他信心滿滿，以為發揮心靈寶劍的巨大威力，可以過關斬將，突破任何難關。

阿特蘇拉和薩皮洛把信寄給史達林，也寄到《真理報》和十幾個政府部門，結果是預料中的悲慘：憲兵從暗處衝出，將兩個年輕人逮捕，指控他們違反了一長串的政治罪狀。阿特蘇拉被丟到監獄裡恐怖刑求，恐怖經驗成為創意的試煉場。身在磨難之中，他的心思開始往新方向傾斜，夢想出古怪大膽的科幻式景象，預言了我們今天身處的時刻。

躲進想像力的避難所

今天，我們想當然耳地假定，創意發明是非關政治的，很多財富由此產生，但可免於企業和政府的管制。但事實上，新發明也可能顛覆政府和帝國，它的本質是危險而難以控制的。

想像力可以成為我們自由、狂野、私密的個人領域。當其他的一切都失效時，我們仍然可以躲到想像力的避難所去。一九五〇年十月，警察拖著阿特蘇拉進監牢的時候，他很清楚這個道理。列福托沃監獄（Lefortovo Prison）和七年前瓦維諾夫待過、最終去世的監獄相似，阿特蘇拉被獄卒押著走過監獄裡濕滑的通道和石階，進入審訊室，推坐到一張椅子上。在他面前的是眼睛如死魚的獄官馬里雪夫大尉（Captain Malyshev）。

「那麼，你要……認罪嗎？」馬里雪夫問，聲音充滿厭煩。

馬里雪夫要的是名字，他的工作是逼迫囚犯指控朋友。但阿特蘇拉拒絕說話，於是他開始飽受折磨。馬里雪夫下令不准他睡覺，直到他願意簽下自白書為止。

阿特蘇拉甚至不能闔上眼睛，一旦躺下，獄卒立刻衝進牢裡來打他。沒多久，他就感覺頭昏腦脹，沮喪萬分。他知道自己快要崩潰了。再這樣過一晚，他會亂吐名字，牽連家人和好朋友。他得想個辦法來解決問題。

此時他突然發現，原來自己還保有神奇的魔力：他還能發明東西。他已經睏得要命，但還是開始專注在如何弄出一個甚麼裝置，好保護自己免於挨打。這些年讀了幾千份專利文件，他學會首先要問對問題。只有這樣，才能找到最簡單又最好的解答。他開始小心定義這個設計的挑戰。他必須能在白天睡覺，才有辦法應付徹夜不停的拷問，但同時，又要騙過獄卒，讓他們從外面偷窺時，相信他是醒著的。但要如何做到呢？阿特蘇拉意識到，如果他有辦法重新設計自己的眼睛，使得眼睛能同時閉上和張開，就能解決問題了。要做到這點，他需要第二雙眼睛，而且只能就著牢裡能找到的現成東西，來創造一雙眼睛。

他從一盒菸開始著手，將包菸草的紙剝開，再小心翼翼地撕成兩個橢圓形。接著在獄友沙錫斯基（Zasetskii）幫助之下，在地面找到幾根燒過的火柴，他倆就用幾根火柴在兩片菸紙上畫黑點——眼珠大小的黑點。沙錫斯基吐了點口水，將菸紙貼在阿特蘇拉的眼皮上。監牢裡有兩張雙層床，其中一張位於牢門的斜對面，從門上的窺視孔較難看清楚。阿特蘇拉安排好坐姿，靠在牆上，半坐半臥地倚在鋪蓋捲上。接著他和沙錫斯基開始大聲講話，然後阿特蘇拉閉上眼睛——咻！——他立刻昏睡過去，沉沉地睡了十一個小時。他睡去後，沙錫斯基繼續唱獨腳戲，自己跟自己對話，偶爾動一下朋友的手或腳。這期間，阿特蘇拉繼續睜大一雙紙眼睛，瞪著這個紅塵俗世。

晚間大約十點鐘，阿特蘇拉醒來，將多出來的眼睛收藏好，準備迎接拷問。獄卒帶他到審訊室時，他大搖大擺地走在他們後面，還講笑話，彷彿才剛剛從莫斯科大劇院看完表演出來。掌刑者馬里雪夫大感困惑。據他估計，這囚犯應該蹣跚著走進來，幾近瘋狂，願意簽下自白書。於是馬里雪夫盤問阿特蘇拉，想知道他白天有沒有睡覺。

阿特蘇拉指出，那是不可能的呀。

馬里雪夫下令加強監視，更頻密地從監視孔偷看犯人是否醒著。可是阿特蘇拉的發明效果好極了，眾獄卒全被騙過，沒發現那小把戲。

有個晚上審問到一半，阿特蘇拉太得意、太有自信了，決定替自己找點樂子。他告訴馬里雪夫，他是大自然的奇葩，幾百萬人中才有一個，他根本不需要睡覺。阿特蘇拉宣稱自己可以連續幾個月都不用閉上眼睛，所以，繼續你們的笨審訊吧！阿特蘇拉愈是恥笑他的審訊官，就愈「感覺到人類理性思考的力量，威力強大。」甚至比監獄更強大，比蘇聯更強大。

但他只對了一半。

這樣過了五、六天，阿特蘇拉如常坐在床上補眠，紙眼睛瞪視著牢門口。但他慢慢昏睡過去，下巴碰到胸口，嘴巴張開。湊巧這時有個守衛打開窺視孔，看到他認為十分恐怖的景象：這傢伙死在床上，眼睛凸出，還吐著舌頭！

阿特蘇拉乍地醒來，發現自己站著，幾個守衛圍著他——沙錫斯基將他猛拉起來站直，同時還設法將紙眼睛吞進肚子裡。證據沒了，獄卒搞不清楚那把戲到底是怎麼回事，但他們知道阿特蘇拉騙了他們。

「如果你再張開眼睛睡覺，我會把你關禁閉。」牢頭說。他們不准阿特蘇拉坐在床上了，他整天都得站著，在牢內走來走去。

遊戲結束了。絕望之下，他只好來個B計畫。那天晚上再被審訊時，他要對著馬里雪夫一拳打過去，這樣一來，他會被重新定性為危險犯人，關進禁閉牢，他就可以睡一大覺，至少七十二小時不用接受審訊。

沙錫斯基警告他，這不是個好辦法。「禁閉牢空氣不流通，很潮濕，冷得要命。」

阿特蘇拉不在乎。「我只聽說一件事，」他後來寫道，「他們會讓我一天睡六小時，不用審訊。一個單純的蘇聯囚犯夫復何求呢？」

那個晚上，獄卒按慣例將他拖進審訊室，把他推到門邊椅子裡。接下來兩小時，阿特蘇拉一直盤算著要如何襲擊馬里雪夫，但他缺乏睡眠，頭腦不清，連該怎麼揮拳都想不出來。

然後他注意到桌上有個裝滿水的玻璃瓶。暈頭轉向之際，他覺得不用拳頭的話，唯一的方法就是用這個武器。慢慢地，恍如夢中情境般，他歪著身子站起，走向桌子，伸手去拿水瓶。

馬里雪夫跳起來，責罵犯人居然未經准許就想拿水喝。當下兩人同時抓住水瓶，搶來搶去。

就在此時，牢門敞開，三人大步走進來，其中一人是上校。昏暗燈光裡，上校的身影高大如坦克，朝他們衝過來。

阿特蘇拉手一鬆，耳邊只聽到瓶子破碎的聲音，滿地都是水。他突然清醒過來。

上校對他喝罵：「你幹嘛抗拒審問？」

「這不合正確程序。」阿特蘇拉回答，開始演講起來，說剝奪睡眠侵犯了市民的權利。當然了，上校其實對所有的拷問一清二楚，甚至可能還是他授意的。但那個晚上，上校轉過身來，將怒氣發在下屬身上。

「你不准他睡覺？」上校對著審訊官大叫。馬里雪夫發起抖來，被搞糊塗了，因為他只不過是奉命行事啊。

上校轉頭向著阿特蘇拉說：「好好補個覺，然後我們來談談。」犯人被押解回房，阿特蘇拉攤在床上，直到睡飽為止——或至少這是多年以後他記得的版本。

必須說，我覺得最後的場景似乎違反了一般邏輯。為什麼惡名昭彰的酷吏會表現得像個寬容的旅館老闆？阿特蘇拉自己也意會到故事的這部分不太可信，懷疑他的記憶受到創傷，出現失真。四十多年之後，當他對著錄音機講這段故事，重新播放來聽時，他覺得無論那晚列福托沃監獄的魔頭對他做過甚麼，他一定將那晚的記憶壓抑下去。為了活下去，他潛意識忘記了最糟糕的部分，而只記住「讓他獲得力量掙扎求生的部分」。他如此推論。另一方面，他的故事版本的確捕捉到幾分真實；當年才二十四歲的他感覺自己像超人，他的心智有如「比自動手槍還厲害的武器」，因為他擁有「能解開創意難題的祕密力量」。他「意志堅決地相信理性的力量，以及由此而來的可能性」。這種對心智的自信——如同他對紙眼睛的信心——幫助他熬過了列福托沃監獄所有的拷問，由始至終從未出賣過朋友或簽過自白書。

拒絕說話會遭到嚴厲的懲罰。法官裁定，阿特蘇拉要被關在當時蘇聯負責管理全國勞改營的機構古拉格（Gulag）二十五年。他被發配到沃庫塔（Vorkuta）勞改營，沃庫塔位於北極圈上方的煤礦城鎮，囚犯經過閘門進入營區時，都會看到門上寫著「在蘇聯勞動是榮譽、光榮和英勇的。」標語牌子和德國的達豪（Dachau）集中營的鋼鐵口號遙遙相對：「工作讓你獲得解放。」在沃庫塔，阿特蘇拉睡在寒冷擁擠的小屋裡，每天推著裝滿煤炭的手推車，用鐵鏟將煤塊鏟到馬車上。有一陣子工頭要他去跟掘墓人一起工作，負責拖著滿是屍體的車子，沿著火車路軌到城鎮邊沿去。當路軌轟轟聲大作，火車往他們衝過來時，掘墓小組得趕快將車子搬離開路軌，眾人紛紛跳開免被撞倒。散落在鐵軌的屍體，會被火車輾過。有時候，靴子踩到路軌旁邊的硬塊或碎片，阿特蘇拉突然驚覺他是踩在人骨上。

「坐牢之前，」後來他跟朋友說：「有些簡單的問題讓我困惑不解。如果我的想法真那麼重要，為什麼不受重視？」但此刻他覺得，他的生命只能依靠自己的心靈了。在勞改營，他不能研究專利或工程的問題；也不能繼續思考他的「發明的科學」；但他還是可以想像星艦艦長的冒險以及海底世界。夜裡，在擁擠的小屋裡，他對著一屋子的人講述遙遠未來的故事，連續幾小時描述太空探險故事，眾人聽得如癡如醉。於是在西伯利亞的荒原上，在冰封混合了人骨的泥土中，阿特蘇拉發現了自己的才能。往後他終於成為俄羅斯最先進的科幻小說作家之一。

一九五三年，史達林逝世的消息慢慢傳到集中營裡。接下來政治風向轉變，數以百萬計的囚犯被釋放回家。一九五四年，阿特蘇拉也被釋放，當局重新審理他的案子，赦免了原本無中生有的罪狀。在古拉格的時光令他變得激進，發明對他的意義和以前不一樣了——現在，發明變成一種民主思想和激進活動的形式。

鍛鍊腦力的發明學校

一九五〇年代，大部分心理學家都將發明看成一種無法理解的過程。他們相信，有些人天生就擁有這方面的才華，能想出跟科技相關的洞見。阿特蘇拉卻覺得，創意發明是可以被研究、學習、加速和改進的。人類的想像力和機器一樣，可以被工程化，有辦法設計和規畫。

我懷疑，如果阿特蘇拉的宣言曾在英文期刊上出現過的話，他的想法很可能一飛沖天，引發出人類心智的新研究方向。在美國，心理學家正開始設計「創造力智商測驗」，他們假設：發明的才能是與天俱來的。當時幾乎沒有人認為，原創思考可透過學習得來，研究專利系統也可窺探人類心靈的運作。阿特蘇拉回顧同時代蘇聯人的反應時，說「他們十分抗拒」他提出的創見。「關於發明的科學……威脅到不少聖牛。這一來否定了歷史上偉大發明的獨特性，違反了普遍認為『創意過程是難以理解』的看法。」

阿特蘇拉還提倡一種教育系統來教導學生如何當發明家，方法是透過研究專利文件（跟他一樣），以及藉由解答創意問題來鍛練腦力，例如如何替油箱設計回饋機制，讓駕駛知道汽油快用完了。一九七一年，他就創辦了這樣一家全球獨一無二的學校，名字是「亞塞拜然發明及創造力公開學院」，任何人只要現身，就能入學。他督促學生解決跟冷卻系統、農業及工廠設備有關的問題，但真正要探索的議題是他們的心靈。他不停向學生丟問題的同時，也要求他們觀察自己的想像力如何失敗，然後使用新策略來強化心智能力。在其中一班上，他提出一個牽涉到物理矛盾的問題：你要設計一部機器，讓金屬球通過管子時會觸動電路，造成通電或斷電。重點是：如果金屬球的大小恰好緊貼管壁（所以保證能將線路接上），球會卡在管子裡。怎樣才能設計出一個球，既能導電，又能順溜通過管子？他把學生難倒了。於是阿特蘇拉請他們站起來，來一次有趣表演，五個人手牽手圍成圓圈，假裝是金屬球，其他人在教室裡排成兩排，代表管壁。當五人小「球」用力闖過「管壁」時，「球」中有兩人的手拉不住，和其他人分開了。這次演練顯示：如果使用有彈性的材料來製造這個球——比方水銀——就能達成任務了，部分水銀球或會脫隊黏在管壁上，但球的主體部分依舊通過管子並導電。「我們要想像這物體乃是由小侏儒、小動物、一群蒼蠅，甚至一團雲組成，」阿特蘇拉告訴他的學生，「我們因此體會到，形狀不必是固定的……它會隨我們的需求而表現。」

阿特蘇拉的學校是個奇怪的組合，既帶著波西米亞式的隨興，卻又追隨特斯拉和富勒（Buckminster Fuller）的工程思維和理想主義精神。但是，唉！這學校注定會失敗。

一九七四年，有個蘇聯委員會開始監督阿特蘇拉的活動，並且控告他違反命令。為了抗議，阿特蘇拉決定離職，並乾脆將學校關掉。

之後，阿特蘇拉四處旅行，從一個城鎮跑到另一個城鎮，為任何可能的未來發明家舉辦公開的研習會。他變成了提倡問題解決方法的「蘋果種子強尼」（Johnny Appleseed，譯注：美國西部拓荒時期的著名故事，有個叫約翰．查普曼〔John Chapman〕的人在美國各地種植蘋果樹，散播蘋果種子，被稱為「蘋果種子強尼」），將他的理念傳播給成千上萬的學生，許多學生也各自開啟研究小組。

「人口中有創意的人占比愈高，社會就愈好、愈往高處走。」他寫道。當然，他知道有些人將創意用在邪惡的事情上。但大多數情況下，只要你鼓勵他們想出更好的方法，他們會將熱忱放在改進事情上。「我在勞改監獄中親眼目睹過。」他寫道。在最黑暗的時刻，發明撫慰了他的心靈；施刑者嘗試剝奪他的尊嚴時，他退到自己的想像世界裡，緊抓著他的理性意識。有一次他告訴朋友維特．費伊（Victor Fey），只有三種人能在古拉格存活下來：虔誠的宗教份子、關係良好的人，還有就是「瘋狂的發明家」。幾十年後，他說他教學生的是建立起「堅強的心靈」或「獨立思考」。他夢想的社會中發明家遍布，他們思想獨立，拒絕向獨裁者低頭。

一九七〇年代，為了教育數以百萬計的小孩子，阿特蘇拉在《先鋒真理報》（*Pionerskaya Pravda*）固定發表「發明家之頁」。在這專欄裡，他挑戰年輕讀者，要他們解開跟推進器設計、糖果製造流程或工業用幫浦有關的問題。由此還衍生出一個電視節目，由小鬼頭對決職業工程師，比賽解開工廠裡發現的問題。

感覺上他想給每個人一種看事情的新方法——一雙新眼睛，有點像他在牢裡為自己打造新眼睛。他提倡公開辯論任何設計的大小細節、我們吃的食物、每天走的路、睡的床等等。他的信念是：這些都應該由我們來設計，而不應該為我們而設計。

他和美國西岸的高瞻遠矚的創新者，例如史托拉洛夫、恩格巴特、布蘭德等人，互相輝映，同樣將科技和個人解放連在一起看待。而我們也可以想像，在另一個世界中，阿特蘇拉可能就是一九七〇年代舊金山創客擁戴的英雄，推行著「電腦革命」——便宜又容易取得的科技，以輔助人類心靈的力量。阿特蘇拉的許多口號（「最理想的機器是沒有機器」、「為你自己思考」、「解決還不存在的問題」等）極適合用漂亮字體放在布蘭德印行的《全球目錄》（*The Whole Earth Catalog*）裡，但現實中，這些事情都沒有發生。

阿特蘇拉似乎從來沒興趣利用他的思考體系來賺錢。一九九〇年代蘇聯對西方開放時，他卻為帕金森氏症所苦，行動大受限制了。但這時他的門生已分布世界各國，包括美國、以色列、日本、南韓和英國，同時引進ＴＲＩＺ。他們自稱「ＴＲＩＺ人」並設立俱樂部和學校，有些還設計軟體，協助工程師從專利系統中搜尋寶貴的點子。有些ＴＲＩＺ人則在企業中找到創意顧問的工作。還有人寫厚重的書來介紹如何使用ＴＲＩＺ於工程實務上，裡頭有流程圖，整本書都是術語。

幾十家大企業將TRIZ加進訓練課程中，例如美國石油公司、陶氏化學、福特汽車和三星電子等。雖然阿特蘇拉推行的是夢想家的想像，然而他的思考方法對於財星五百大企業的工程師也很有幫助，如降低成本或改進現有產品。管理顧問兼作家舒伯・喬賀瑞（Subir Chowdhury）說：「有了TRIZ的協助，員工可逕自得出有創意的解決方案，但不會威脅到公司的整體穩定。」

這當然跟阿特蘇拉提倡的激進、危險甚至「無所事事」的創意跳躍差不多是相反的。他曾經寫過這樣的話：「堂吉訶德對著風車的衝刺，是人類歷史上最重要的戰役之一。」在他眼裡，發明的過程是一個更偉大的路徑：這是通到獨立心靈之道。

這些日子，時機已經成熟，他的教育理論適合重新被發現。到了二十一世紀，創客空間和開放實驗室使得全球數以百萬計的人都可以進行發明。目前，世界各地數以千計的小學、初中和高中也採取了某些R&D、發明、敲敲打打或公民參與設計的訓練。似乎，阿特蘇拉的科幻式想像將他帶到遙遠的未來，他早已看到無可避免的發展：工廠會縮小但快速增生，進入學校，然後和小孩子的想像力合而為一。

第十六章　東敲西弄：教育篇

格理夫的早餐穀片教學希望達成的目標，是訓練小孩子想像由奈米粒子構成的微小世界，讓他們懂得像工程師那樣想事情……

一九九〇年代末，MIT的尼爾．格申斐德（Neil Gershenfeld）教授決定開一門課，題目是「如何造出（幾乎）所有的東西」，課程中學生可以隨意使用學校的R&D實驗室。他原先的目標是要訓練未來的工程師，因此可以想像，當他發現很多打算當藝術家和建築師的學生瘋了似的來選課時，他有多驚訝。

「我這輩子一直等著想修這樣的一門課。」一個學生告訴格申斐德。另一名學生說：「只要能加入這一班，要我做啥都可以。」他們都著迷於還不存在的東西。現在，使用格申斐德班上的R&D工具，學生可以將幻想化為實際的發明，無論是能錄下尖叫聲的個人隔音室，或會在房間裡跳來跳去的鬧鐘都好。

那時候，一套R&D工具可能要價五萬美元或更多，似乎難以想像R&D的相關科技會帶來廣泛的文化衝擊。但格申斐德已經預見，他稱為「個人製作器」的機器將改變我們和物件的關係。他形容這種幻想中的裝置有點像《星艦迷航記》裡出現的複製器，一般人在家裡也能操作。二〇〇三年我首次聽說他的個人製作器夢想時，立刻將之記錄在「有趣事項」欄之下，打算以後類似科技夢想成真時，再來追蹤研究一下。

然後在二〇〇四年，我發現格申斐德以前班上的一位助教、目前在MIT念研究所的沙爾・格理夫（Saul Griffith）製作了一部手提箱大小的工廠，可以為不同需求的人量身打造眼鏡鏡片，並列印出來。當時全球有高達十億人得不到配鏡師的服務或沒有眼鏡可戴，意思是數以百萬計的人只因視力太差，幾乎等於瞎掉，無法工作或讀書。格理夫希望，有了這部可攜式工廠，窮人有能力自行製作眼鏡。馬克思曾說過，誰掌握了生產工具，就能控制社會和經濟狀況。而現在，格理夫設計出這個頗有政治意涵的機器——把生產工具縮為手提箱大小？我一定要親眼看看。

解決錯誤的問題？

同年五月有一天，我站在麻州劍橋市一棟灰灰髒髒的公寓住宅前等候。我已經按了好幾次門鈴了，最後對著對講機大喊：「嘿，沙爾？我們不是約了今天採訪嗎？」又過了幾分鐘，大門「喀噠」一聲，我推門而入，穿過走廊，看到格理夫在住處門口等我。他身材魁梧，頭上一大把古銅色捲髮，一隻手上吊著一片繃帶。

稍作寒暄後，我指著他的手問：「怎麼了？」他解開繃帶，手掌上橫著一道血紅傷痕，清晰可見。

風箏衝浪意外，他說。

接著他慢吞吞地走到爐台那兒煎起蛋來，受傷的手小心翼翼握著鍋鏟。他吃早餐時，我開始用問題轟炸他，問他是怎樣想到那個微小工廠的。

格理夫告訴我說，幾年前他跑到蓋亞那當志工。他參加的非營利組織在美國收集民眾丟棄的眼鏡，格理夫則協助一名退休的驗光師，在蓋亞那的小村落裡替村民配眼鏡，每天都有幾百人來求助。

「過程令人十分沮喪。」格理夫說，特別是有次終於替一名高大威猛的男子找到合適的眼鏡時，卻是粉紅色貓眼款式的鏡框。格理夫逐漸明白：他們的出發點很善良，方法卻大有問題，在美國回收並翻新一副舊眼鏡，然後送到開發中國家的成本是一百塊美金。按照這價錢，你幫不了太多人。因此他倒過來想問題：為什麼送一副量身打造的眼鏡到蓋亞那的窮鄉僻壤，會這麼困難呢？他領悟到：如果某地缺乏完善的基礎建設——比方運輸服務、連通各小鎮的道路、充足的電力供應、電腦網路等等——那麼你不大可能在遙遠的工廠特別為人們量身打造某件物品，然後設法送到他手裡。一旦釐清問題，他開始從新角度思考問題：如果蓋亞那村民實際上接觸不到眼鏡工廠，那為什麼不把工廠帶到他們面前來？

正如我們在前文看到過，有些最有才能的發明家願意花時間旅遊，沉浸在問題裡，聆聽當事人的心聲，對別人的苦痛感同身受，透過別人的眼睛看問題。也許最重要的是，他們深深感受到須設法幫助別人的急迫感——這種二手的痛苦打開了他們的心靈。於是格理夫回到ＭＩＴ媒體實驗室後，投身研究心中想像的機器。

接受我採訪那天，他從櫃子裡拿出作品，打開來給我看：那裝置的中央是一片銀色箔紙，覆蓋在一個圓形框架上，就是從汽車用品店裡買來的那種貼在汽車擋風玻璃上遮陽用的箔紙。在他的裝置中，箔紙的作用像半個氣球，膨脹或縮小時形成無限多種鏡片形狀。接著他只需將液體塑膠倒到彎曲模子裡，就可製造出量身打造的鏡片來。

他的發明在非營利組織界造成轟動。「人們打電話給我說：『噢，我們很喜歡它。』然後浪費很多時間告訴你這點子有多美妙。」格理夫說。問題是他沒東西可賣；因為他只打造了這個獨一無二的原型。把它商品化需要花上五十萬到五百萬美元，他不大可能籌到這麼龐大的資金。而由於他的顧客每天收入大都不到二美元，他想不出有甚麼法子能持續找到資金來支持新技術的發展。

事實上當我和他見面時，格理夫對他的鏡片列印機已經不再抱甚麼幻想了。儘管他的發明吸引不少人注目（還贏得「勒梅森－ＭＩＴ全美大學學生獎」），他自己卻已有定論：這裝置生產的鏡片不夠便宜，無法撼動視力照護產業的經濟結構。的確，他明白雖然他創造了高明的原型，對於他想要服務的人群，卻仍然愛莫能助。「結果發現，我們一直在解決錯誤的問題。」格理夫說。中國工廠可以大量生產鏡片，價錢低得不得了，所以將生產體系從頭發明一遍沒啥好處。真正的挑戰不在於製造鏡片，而是建立起一套公衛系統，提供眼睛照護服務，例如幫大眾診斷視力問題。

因此到了二〇〇四年，格理夫的視野已經拓寬甚多，從聚焦於一部小機器轉到思考整個大格局。與其單純把解決方案送到蓋亞那之類的地方，是否還不如協助當地人落實他們自己的想法？他現在感興趣的問題變成：怎麼樣將他從ＭＩＴ學到的工程技巧傳授給每個人？你可以說現在他關心的是「發明學」的問題，雖然他沒用這個詞語，他用的字眼是「教育」。

教五歲孩子奈米科技原理

我採訪他那天，他拚命設法表達他的理念。他說一定要讓我看一些東西，在紙盒中翻找。「這個！」他大叫，拿起一本書背裂開、散發霉味的書，由《機械普及》（*Popular Mechanics*）雜誌於一九一三年出版的《少年機械師》（*The Boy Mechanic*）。他翻到他最喜歡的一幅插圖，上面是有個小孩子將自己綁在用木棍和帆布自製而成的飛行翼上。一條虛線表示少年將從懸崖跳下，飛到河對岸去，靈巧地降落在一棟房子旁邊。插圖中沒有半個大人。「他們告訴你可以自己造一架飛機，而你只有十二歲。」格理夫神情愉悅地說著。小時候，父母就送他一本類似的「發明」書，啟發他夢想成為發明家。小孩子需要學會怎樣將翅膀釘起來，但同樣重要的是，他們也應該學習如何從懸崖跳下來。少年發明家必須能大膽嘗試、抱持不同見解、肯問問題以及跳出去。

原來事有湊巧，我和格理夫訪談時，他正開始將想法轉化為文字，提出生平最重要的問題之一：我們應該如何改變現存的教育制度，好讓全球各地的孩子成為科技探索家？「大人已經沒救了啦，一定要從小孩著手。」他說。

他指出，跟電腦一起長大的第一個世代（比爾．蓋茲就是其中之一）學會當軟體高手和創客。他們明白數位程式碼的潛力，這是上一代永遠不明白的事。格理夫相信，當青少年接觸到銑床和雷射切割機和3D印表機，也會產生差不多的神奇效應。下一代創客的目標不只是數位資訊，還包括原子構成的事物。從前似乎難以修改或無法重新想像的物件，無論是房子、飛機或街道，會突然變得有如軟體般，也可用程式控制。格理夫和合作夥伴（創業家祖斯特．邦森〔Joost Bonsen〕以及藝術家尼克．得勒高達〔Nick Dragotta〕）開始印行漫畫，以刺激小孩子的發明創造力。「Howtoons」漫畫（分網路版和紙版）教小孩如何製作棉花糖發射槍、桌上冰球遊戲、配備了冰刀的滑板和其他幾十種玩具，所需的材料容易取得，很便宜，甚至免費，通常都是可在垃圾桶中撿到的東西，例如汽水罐。同樣的，Howtoons也可協助孩子學習法文或西班牙文，但基本目標是傳遞工程技巧。格理夫還在ＭＩＴ一個小房間設立了「Howtoons俱樂部會所」，為年輕發明家舉辦披薩派對。

我參加了其中一次派對，好奇他會怎樣帶領五、六歲的小孩子學會材料科學、物理和奈米科技的原理。

序幕揭開，格理夫在房間前方跳來跳去，手舞足蹈。

「那麼，你們今天晚上想發明甚麼機器？」他大喊。

幾個月前他問這個問題時，一群小鬼頭決定用Toro 220落葉吹掃機和木板，再加上一條防水布裙子，打造一艘氣墊飛船。防水布裙子的功能是罩住飛船下面的空氣形成氣墊。結果它真的可以承載小孩（甚至格理夫）騰空而起，在室內飛來飛去。

一個身體扭動個不停的小孩舉手提議。「幽靈，」他說，「我們來製造動物的幽靈。」

格理夫笑，說那大概不可能了，然後他帶孩子到一張桌子旁邊，桌子上面放了碗、巧克力糖霜、畫筆以及好幾盒早餐穀片。他指示兩個同樣六歲大的小女孩，將巧克力輕輕塗在圓圈形狀的麥圈（Cheerios）上。接著讓他們將沾了巧克力的麥圈和正常麥圈倒進一碗牛奶裡。女孩觀察著，看呆了，因為浮在牛奶上面的麥圈，好像會自動找到自己的同類，黏在一起——普通麥圈和普通麥圈，巧克力麥圈和巧克力麥圈。其實這個現象乃是根據一個簡單原理：油和水不會混在一起。格理夫解釋：如果你在麥圈上畫上細細的巧克力斑紋，等於將麥圈「程式化」，讓它們在牛奶碗裡形成各種複雜的形狀——例如雪花形狀。

其實格理夫在教孩子奈米科技的基本原理。工程師製造出的奈米粒子，會自動排列成為一部機器，同樣地，那些麥圈「知道」如何遊走四方，找到同伴，形成形態。所以格理夫的早餐穀片教學希望達成的目標，是訓練小孩子想像由奈米粒子構成的微小世界，讓他們懂得像工程師那樣想事情。

21世紀的工場課

訪談時，我經常會詢問發明家的早期發展經過。許多人都會告訴我同樣的童年故事：家裡給他們一個工作間，可以在那裡玩火箭燃料、鋒利的刀片或電線。當然有些東西爆炸了。他們父母還會鼓勵這些危險嗜好，啟蒙導師往往是他們的父親或某個舅舅或叔父。我遇到的發明家極少提到從學校中學到甚麼本領。

真的，如果說學校有甚麼功能，大概就是阻礙他們專心投入心愛的實作計畫。有個名叫斑恩·特雷圖（Ben Trettel）的機械系博士生告訴我，二〇〇〇年代中期他還在念中學時，老師讓他相信工場實作課程「是給那些最後只能當修車工人的學生修的」。身為班上的「聰明學生」，他被推上大學先修班之路——儘管他對那些課程絲毫不感興趣。

同一期間，特雷圖在家裡工作間卻培養出很有用的技巧，他也極有興趣，父親協助他製作水槍和馬鈴薯砲彈。「基本上我一輩子都可以接觸到機械工作間。」他進一步說，小時候的嗜好日後幫助他順利通過流體力學等進階課程——物理學中最具挑戰性的一門課。「其他同學都讀得頭昏腦脹，但我十五歲就做過不少這方面的實驗了，」他告訴我，「因為想造水槍，我開始讀科學論文，研究噴嘴的設計。應該怎樣設計噴嘴，水才能噴得更遠？這是尖端的科學問題，可是十來歲的年輕人也可以自行研究這個問題，做做實驗，而且還真的有些進展呢。真是酷斃了。」

新近的研究見證了特雷圖的經驗。根據調查，能夠在心靈之眼中想像和操控物體的小孩子，到了中年階段比較可能成為頂級成功人士。心理學家大衛．魯賓斯基（David Lubinski）稱空間思維的能力為「沉睡的巨人」——是一種長期受忽視的能力，但卻與一個人能否在科學、數學、工程或創意工作中獲得巨大成就息息相關。

二〇一三年間，魯賓斯基的研究團隊接觸了五百多人，進行調查。這批人於一九七〇年代十三歲時曾在空間推理和圖像化思考測驗中表現特別出色。而研究人員報告，這些年輕的圖像思考者長大後，成為才華洋溢的科學和技術創造者，申請多項專利，並在頂級研究期刊發表論文。魯賓斯基等人發現，空間推理測驗可用來預測日後創意成就有多高。

之前我們討論過，很多發明家依靠「內在的R&D實驗室」在腦海中模擬原型，測試機器。

想想特斯拉說的：「對我來說，在腦海中測試渦輪，還是回到工作間測試，完全不是重點。」我們也從這類發明家那裡學到：在腦海中操控物件不只依賴天生能力，也要花很大的力氣或意志力，才能讓那部想像的影片在腦中繼續運轉。阿特蘇拉提出「強力思維」這個名詞，他認為想像力的肌肉可以透過鍛鍊而增強擴大，練習多了，就會有力量。二〇一三年一份關於認知科學的整合分析也證實了阿特蘇拉的說法：空間推理能力是可以學習且改進的。

胰臟癌神童

數以千計的教育家目前都主張應該為不同程度的學生提供實作式練習，校內也應設立R&D實驗室。這種新教育哲學名稱繁多：「21世紀的工場課」、「專題式學習」、「自造實驗室」（Fab Lab）以及「東敲西打學校」等等。美國有超過五千家中學、大學和圖書館為學生提供製作原型的工具，例如3D印表機。同時，美國的農業部、國防部高等研究計畫署（DARPA）、史密森研究協會（Smithsonian）、國家科學基金會（NSF）以及教育部等組織，紛紛贊助鼓勵孩子學習工程和創意發明的計畫或課程。

當然囉，正當大人忙於重新設計教育的同時，小孩子往往已超前大人好幾步了。杰克．安德雷卡（Jack Andraka）十三歲那年，啟蒙導師不幸因胰臟癌過世。於是他決定，要找到能在發病初期就偵測出胰臟癌的方法。童年時他就經常待在地下室敲敲弄弄，參加科展比賽，逐漸培養出強烈信心，覺得自己差不多可以解開任何問題，包括診斷危險的癌症。二〇一〇年開始，安德雷卡決定面對胰臟癌的挑戰，晚上和周末都在網路上賣力搜尋。他在線上資料庫過濾出八千種可能成為生物標記的蛋白質，逐一篩選。

他的初步研究沒有花一毛錢，因為他懂得好好利用網路上價值數十億美元的現成科學研究成果。每當他發現部分論文需要付費時，就請父母幫忙。因此基本上，他具有一般小孩沒有的資源，例如家中地下室有個工作間，父母能提供現金經費，以及周遭許多大人的鼓勵、帶領、驅策、訓練和培育。

但整件事還是讓人驚訝：他居然可以坐在房間內、單靠網路而有這麼大的進展。他自我鞭策，學會閱讀癌症生物學的相關論文，找到一個可能的蛋白，學習碳—奈米管科技的應用，他相信可以用它來設計一套血液測試的方法。同樣地，透過網路，安德雷卡聯絡了大約兩百位科學家，詢問是否能夠借用他們的實驗室，進行一些實驗，以測試他的想法，經過一番電郵往返後，獲得約翰霍普金斯大學的首肯。

二〇一二年安德雷卡十五歲時，他的瘋狂努力獲得回報：他設計出一套檢測血液中蛋白質的方法，而且價錢低廉。大家希望這個裝置（譯注：基本上是一片測試紙）能在癌細胞開始增生的時候，就發出早期警告，從而拯救生命。這個壯舉讓他揚名立萬，他受邀做了ＴＥＤ演講，贏得

「英特爾ISEF哥頓．E．摩爾獎」，被譽為「胰臟癌神童」。不過，他的發明仍需經過臨床試驗，所以最終能否證明為有效的疾病篩檢工具，仍是未知之數。然而不管結果如何，他的故事讓人看到一絲亮光，一個年輕人加上一部手提電腦，原來可以走這麼遠。「我的心智，」他寫道，「感覺像是威力強大的武器，我可以用它來解決任何問題。」

■綜論
其實，未來早已到來！

幾年前的一天，我坐在咖啡廳裡，閱讀著一疊科幻小說家威廉．吉布森（William Gibson）所寫的文章。這是《紐約時報》一位編輯寄給我的；吉布森的語言讓我陶醉，事實上，簡直有點像藥物進入我的血管裡，使我微微地有點夢幻感。離開一頁頁的文字，我的視線投向窗外的城市，覺得自己戴上了吉布森的眼鏡。一輛卡車沿著街道開下來，噴出一陣陣柴油煙霧，讓我想到，這是歷史的煙雲──和百年前的城市相同的氣味、相同的煤煙。同時呢，坐我身旁桌子邊的年輕人，身上刺青，不斷敲打著他的手提電腦。

在吉布森著作的迷惑下，我突然明白眼前周遭並不是個現代的片段場景，而是混合了一六五○、一九一○、一九八○、二○一一、二○二○、以及二○五○年的綜合體。「未來已經到來，只不過還分布不均而已。」吉布森曾這樣妙語眉批。

一九九○年，吉布森和布魯斯．斯特林（Bruce Sterling）出版了一本小說，書名叫《差分機》（*Difference Engine*），是一部架空歷史小說，將「不均的未來」這概念發揮到極致。故事發生在英國維多利亞時代，其時首相為班傑明・迪斯雷利（Benjamin Disraeli），人們使用以蒸氣驅動的思考機器來計算。書中為更廣大的讀者群引介了「蒸氣龐客」的角色，似乎還預計出現服飾新潮流：緊身衣搭配護目鏡，鑲滿珍珠的行動電話。但蒸氣龐客不只是幻想而已，其實經常環繞在我們身邊。許多城市中，維多利亞式建築物的華麗線條面對著Wi-Fi熱點，如果你想來一場穿越時空之旅，只需從街頭走到街尾即可。

吉布森在其中一篇文章描述東京，說這城市好像由「一層層明日世界所組成，剝開較新的一層，就可看到較舊的一層。」有天他躲在一家麵攤的角落裡，看著一個男人滑手機。電話閃亮閃亮的，映照著周圍城市的倒影，「外殼曲線複雜，看起來彷彿轉瞬即逝。」吉布森盯著手機上的掛飾，發現是個「玫瑰形狀的防癌吉祥物」，根據日本人的流行文化，這些護身符可以防範微波。

於是，任何物件都是許多構想、文化和歷史時期的凝聚薈萃。牙刷源自中國，中世紀時期，中國人想出如何將豬鬃毛固著在骨頭把手上。近代牙刷雖然用新材料造成，卻和幾百年前的牙刷驚人地相似。如果你掃描一下今天的周遭環境，你會發現大部分你很依賴的科技都是許多世紀前的產物，從鞋帶到裝咖啡的陶瓷杯子都是。事實上，我們活在蒸氣龐客的世界，地底下，一百歲的污水管和光纖電纜彎彎曲曲並排而行，各種隧道和管線穿過明日世界，像一堆讓人看不懂的潦草字跡。每轉一個彎，都會發現人類古早前探索不可能、為既有環境開拓新領域所留下的紀錄，然而大部分已遭遺忘。

吉布森看到的不均未來經常被蓋上不正義的印記，比方說，上億人口仍然得不到視力上的照護，但有些人則已戴上藏有微小晶片的眼鏡，在行人道上散步時可以看到一堆數據。甚至像美國這樣富有到流出油來的國家，還是有很多人在水深火熱之中受苦受難，只因在不均的未來，他們處於錯誤的一邊。

克里夫蘭醫療中心的血液學兼腫瘤科專家桑塔拉拉札醫師，就為類似的不平等深感困擾。他深感困惑：事情為何會演變到目前地步：口袋裡隨時帶著一台電腦，但R&D系統卻失能了，沒有辦法解決一直害病人喪命的問題。「這是不對的，」他說，「難道我們不能設法改進嗎？」

撰寫本書期間，這個問題一直在我腦海中縈繞不去。我們迫切需要強有力的R&D系統，能及時發展出疫苗以阻止任何瘟疫的蔓延；幫助我們不再那麼依賴石油；提供我們營養豐富的食物。這就是二十一世紀驚心動魄且荒誕怪異的生活現狀。儘管我們擁有腦力、才能和工具，應該可以解決我們最擔憂的問題，可是最困難的是如何組織眾人之力，共同面對重要的大問題。

「一方面是驚人的可能性，另一方面則是毫無作為——真是近代科學的陰和陽。發明的一方不斷產出新裝置，但想像力卻沒能提供足夠的線索，來解決直接威脅人類生存的科學謎題。」前德州大學公共衛生學院院長蘿玻塔．尼斯（Roberta Ness）寫道。那麼，我們如何對抗這些大問題呢？其中一個方法可能是讓更多、更多的人加入努力的行列：偵測出周遭的危險，想像各種新的可能性。每個人切入的角度各不相同，各有解決問題的語言。如果能夠駕馭七十億人龐大多樣的心智力量，我們從浩瀚未知中找出優雅解方的機會就增加不少了。

發明之母，不止一個

人類是喜歡發明的動物，我們的腦袋因為解決問題而演化。人類會為未來可能發生的災難預做計畫，能夠在北極這樣的地方生存，無論從任何角度來看，我們都應該沒辦法在如此嚴酷的環境下生活。我們的身體也學會了適應發明家的身分：我們祖先經常背著獵物連續走很多天的路，他們的骨骼就顯示了生活的重擔和勞碌——早期的人類有強健的骨頭和關節，適應粗重的工作。但一萬兩千年前，在被稱作「全新世」（Holocene Era）的年代，人類身體慢慢出現微妙的轉變：幾千年來一直很強壯的腿骨變脆，關節變弱。「人們適應了耕作和畜養動物。體力勞動減少的結果，就是比較輕弱的骨骼。」人類學家哈碧芭．鵲鵲（Habiba Chirchir）說。要是你曾經懷疑過自己是否有發明家的血統，只消低頭瞄一下你的膝蓋就可以了，因為你那容易受傷的脆弱關節正屬於懂得哄騙動物幹粗活以及靠機器代勞的物種。

人類的才能有很大部分源自人口分布多元化。在地球上不同地方落地生根後，我們慢慢學會不同的工作方式，發揮想像力、利用所有找得到的物資。人類這個物種的一大優勢是，大家說一大堆不同的語言，擁有五花八門的記憶、熱忱和技巧。事實上，人類的發明活動從來都和身處的環境息息相關。

這本書的內容就見證了「環境在形塑我們的想法」這件事情上，威力是多麼強大。你往往只需要在對的時候，剛巧在對的地方，從事一些奇怪或不尋常的活動，因此打開了一扇大門，看到不同的可能性，其他人卻不得其門而入，結果就獲得了最珍貴難得的突破。一位網球教練撿起了幾千個網球；一位機長厭倦了拖著行李在機場趕路；某個NASA工程師剛巧在「玩」噴嘴；而一位海洋學家剛好知道奶昔的祕密。這些發明家幸運地處於某種狀況中，卻因此讓他們對問題有了獨特的理解，發現新事物，窺見未來，或搭起兩個領域之間的橋樑。

發明的黃金年代

這是為什麼打開大門，讓各式各樣的人來參與，不只會擴大點子的威力，也會改變人們發明的方式。幾十年前還被排除在外的幾十億人口，現在已可接觸到生產和發現的工具。二十一世紀人類的整體想像力比前成長了甚多，現在花在基礎科學研究的每一塊錢都比從前影響更深遠，因為數以百萬計的人都可接觸及應用研究的成果。我們也找到聰明的方法來重新規畫我們的知識，例如將知識儲存在龐大的資料庫裡，可以運用累積的知識來產生新發現。在數據科學家兼生物醫學創業家布特狂熱宣揚的新時代中，生物技術工具會逐漸開放給每個人，青少年參加科展比賽的研究計畫都可能發展為醫學突破。「這是自由化真正能做到的事。」他說。

每個人都各有獨特的經驗，都各自成為發明的種籽。你擁有關於某個問題的獨家資訊或寶貴的解決方法，因為在你人生中某個時刻，你剛好瞥見某種關聯，而其他任何人都沒有相同的感知。例如貝蘭傑，由於曾經深入研究過熱膠槍的設計，也曾照顧嬰幼兒，他將這兩種經驗調和在一起，而想出了吸杯這概念。在籌資困難的一九八〇年代，貝蘭傑只能將自己銀行戶頭拿來當賭注。但今天，像他這樣的發明家有更多途徑可以籌募資金，而且更能在幾小時內就將原型製作出來。真的，我們正目睹解決問題的黃金年代來臨。

我的採訪對象中，好幾位都對這些壁壘崩塌的速度感到驚訝。機械工程師屠里・基漢（Tully Gehan）就是個頗有象徵意味的例子。他在深圳創辦了名為Factory For All的公司，替發明家扮演仲介的角色。基漢為那些不曉得如何跟工廠合作的人「把流程變得更容易而順暢」。

二〇〇五年基漢剛到中國時，「要製作一個原型都十分困難，」他說，「走到街上，也許路邊就有個婦人推著手推車，裡頭裝滿電容器在賣，可是如果我真需要一個特定規格的電容器，就必須從新加坡、甚至美國訂購。那時候在中國，做任何事情都那麼困難。」現在呢，他說，你可以按照你要求的規格訂購印刷電路板，而且二十四小時內就拿到；你也可以在阿里巴巴或其他大拍賣網站找到任何需要的零件，而且還會立即送貨。「另外就是感測器，任何你想像得到的感測器都有得賣，還有人幫它把軟體全都寫好，也偵錯除錯完成，在部落格上介紹該產品。這讓很多人得以自行拼湊出自己設計的玩意兒，而從前只有能幹的電機工程師才辦得到。」他說。他又注意到一堆「主修英語的」或非工程出身的人，跑來加入設計及製造產品的世界。

人人都是賈伯斯

根據基漢的觀察，「現在，才二十歲的傢伙已經在Kickstarter籌募資金，跑到企業問人家：『你能幫我做甚麼？』此時此刻，任何人皆可開創自己的願景，把自己的發明推到市場上。就這角度而言，人人都可以成為賈伯斯。」他說，因為「只要有張信用卡，就可以生產東西了。」

我們在第四章介紹過那位協助客戶在Kickstarter籌到一千三百萬美元的設計師霍卡，也相信我們目前正邁入一個產品開發的新年代。「從前我的工作困難多了。」他說的是一九九〇年代。他早期研究的一項發明是清潔魚缸用的刮刀，那時候他必須花很多時間在圖書館過濾專利紀錄檔案，搜尋生產商，抄下電話號碼，開車回家打電話連繫工廠。而如果他膽敢繼續發展這個項目，可能需要耗費很多年的時間及數萬美元，只為了找出有沒有人會買他的產品。

然而現在，他說：「我可以到阿里巴巴……網上登記，幾分鐘後，我已經在跟一些人討論，上維基搜尋文章作研究，或尋找零件外包廠商。」他的工作室有三部3D印表機，「產品比以前精緻多了，因為我們可重複修改，尋求最理想的樣式，而且成本只是從前的幾分之一。」有一度，他需要不停打電話找零售商幫忙賣產品，現在反過來是零售商找上門來，因為他們的星探早已注意到他正在開發的產品。二〇一四年他想推出一款碳纖無人機時，他「根本用不著花力氣去找金主；不需要欠任何錢。」他說。相對地，他將原型圖片張貼在Indiegogo募資網站上，只不過幾個月的功夫，就有四千多名支持者相挺，資金源源而來。

當然，要讓幾十億人吃得飽、穿得暖，愛迪生式的R&D系統依然重要。但我們確實開始目睹透明、分散、開放、混亂的R&D系統發揮的巨大潛力。這系統不屬於任何人，但又無處不在。我希望它會演變為一種全球免疫系統——我們能重新創造發明，將塑造環境的權力交到更多人手裡，而不是只由少數人控制。

模仿大自然的發明系統

大自然解決問題的方式，也是使用多種策略，而非只有單一文化。威脅人類的病原體永遠在突變，改變戰略，出現新發現、新突破，設法讓我們的藥物無效。大自然的研究發展乃奠基於數十億個實驗，是一套很有韌性、非中央集權、分散式的計畫。癌細胞挾數量的優勢以及從嘗試錯誤中累積的智謀，不斷演化來擊敗我們。那麼，我們要如何還擊呢？靠招募數以百萬計的人、進行幾十億個實驗，從浩瀚未知之中大規模搜索、找尋或許可破解致命疾病的祕密。面對氣候變遷所形成的問題時（缺水、物種滅絕和農業災難等等），這樣的系統或許也是我們克服挑戰、存活下來的最大希望之所寄了。

蘋果和Google創造出大家喜愛的產品，但企業的目的並非解決社會和環境問題。我們需要演變出另一套模仿大自然的發明系統，人類才能演化為更堅強的物種，更能度過苦難，倖存不死。我們需要一個有如人體免疫系統的R&D系統——開放、喧鬧但充滿韌性，每次受到攻擊之後，都會變得更加堅強。而且這系統應該能感受痛苦，而不是麻木不仁。所有因科技失敗而受苦的人——那些先驅使用者、監督者、病人、弱勢團體、窮人——就是診斷我們問題的最佳裁判。他們才是（或應該是）R&D的核心！

銘謝

我要給《紐約時報雜誌》（*New York Times Magazine*）前主編Hugo Lindgren獻上深深謝意。二〇一二年，他聘請我撰寫每周一次的專欄「那是誰發明的？」Hugo對於一般尋常事物背後的祕密歷史深感著迷，而這也燃起我的好奇心。他教會了我：最好的故事也許就隱藏在我們日常不願花心思注意的事物裡，例如煙霧感測器或拉鍊。更重要的是，他給我的任務將我送到各地尋幽探勝，最後完成這本書。

我也欠了《紐約時報》編輯Sheila Glazer及負責事實查證的Steven Stern甚多。他們和我合作專欄的寫作，幫我抓出錯誤，可說是我的安全網。

Eamon Dolan是我在Houghton Mifflin Harcourt出版社的編輯，替我讀了手稿的各個版本；成為了我的GPS，讓我無後顧之憂地挖掘經濟學、心理學、工程學、民族誌以及人因工程學設計等各領域，了解創意發明的運作。每當我為了回答某些問題鑽進牛角尖時，Eamon總是很有技巧又很親切地說服我從兔子洞爬出來。他的心思在這本書的每一頁處處可見。

這寫作計畫還只在醞釀階段時，我的經紀人David McCormick就極為支持；他並協助我將一個想法轉為理論，再轉為一份三十頁的寫作提案。

我也想感謝專為這計畫組成的「發明學團隊」（Team Inventology），他們幫忙資料蒐集、翻譯、抄錄轉寫和編輯，讓這本書能準備好出版。他們協助我確認引言的正確性，追蹤稀有的研究，釐清俄文手稿，爬梳每句句子，防止任何不小心跑到內文的錯誤。我最忠實可靠的查證夥伴包括 Whitney Light、Tracy Walsh、Jesse Marx、Allan Guzman、Lillian Steenblik Hwang、Aimee Kuvadia 以及 Jessica Johnson。Jesse Marx 協助我尋找照片，找到很多很有趣驚人的照片。Allan Guzman 和 James Pouliot 替我抄錄轉寫了本書中出現的大部分訪談。Thomas Kitson 提供了很多感人的俄譯英的服務。Lisa Dierbeck、Jen Block 和 Karen Propp 則給我提供了深具啟發的回饋及編輯建議。

最後，我想謝謝那許多的發明家，他們慷慨答應和我分享他們的生命及心靈。這本書，是給他們的一封情書。

發明學，改變世界

人類如何發明出手機、防感染導管、電腦搜尋系統、3D列印……等事物，改變我們的生活

作　　者　姵根．甘妮蒂（Pagan Kennedy）
譯　　者　吳程遠
總 編 輯　陳郁馨
主　　編　劉偉嘉
特約編輯　齊若蘭
校　　對　魏秋綢
排　　版　謝宜欣
封面設計　萬勝安
社　　長　郭重興
發行人兼出版總監　曾大福
出　　版　木馬文化事業股份有限公司
發　　行　遠足文化事業股份有限公司
地　　址　231 新北市新店區民權路108之4號8樓
電　　話　02-22181417
傳　　真　02-86671891
Email　service@bookrep.com.tw
郵撥帳號　19588272 木馬文化事業股份有限公司
客服專線　0800221029
法律顧問　華陽國際專利商標事務所　蘇文生律師
印　　刷　成陽印刷股份有限公司
初　　版　2017年1月
定　　價　380元
ISBN　978-986-359-332-4

國家圖書館出版品預行編目 (CIP) 資料

發明學，改變世界：人類如何發明出手機、防感染導管、電腦搜尋系統、3D列印……等事物，改變我們的生活／姵根．甘妮蒂（Pagan Kennedy）著；吳程遠譯.
-- 二版. -- 新北市：木馬文化出版：遠足文化發行, 2017.01
面；　公分. --（Advice 42）
譯自：Inventology : how we dream up things that change the world
ISBN 978-986-359-332-4（平裝）
1. 發明 2. 創造性思考
440.6　　105022441